三维 CAD/CAM——UG NX 8.0 项目教程

主　编　师利娟
副主编　刘明玺
主　审　代礼前

重庆大学出版社

内容简介

本书结合机械类专业的实际,以够用为度,主要讲述设计模块和加工模块。第一部分为设计模块(即 CAD 模块),主要是零件与产品的三维建模技术,包含 4 个项目:二维图形的创建;实体特征建模;基准特征和扫掠体建模;复合建模。第二部分为加工模块(即 CAM 模块),主要是机械零件和产品的数控加工,包含 6 个项目:平面铣削加工;型腔铣削加工;固定轴曲面轮廓铣削加工;多轴铣削加工;综合加工;输出 NC 程序和车间工艺文件。

本书可作为高等职业院校数控、模具、机电和机械制造等专业的专业课教材,也可作为机械 CAD/CAM 软件取证的辅助教材,还可作为机械加工行业工程技术人员的岗位培训教材或自学教材。

图书在版编目(CIP)数据

三维 CAD/CAM——UG NX 8.0 项目教程/师利娟,刘明玺
主编.—重庆:重庆大学出版社,2014.8
高职高专机械系列教材
ISBN 978-7-5624-8374-8

Ⅰ.①三… Ⅱ.①师…②刘… Ⅲ.①机械设计—计
算机辅助设计—应用软件—高等职业教育—教材 Ⅳ.
①TH122

中国版本图书馆 CIP 数据核字(2014)第 147029 号

三维 CAD/CAM——UG NX 8.0 项目教程

主　编　师利娟
副主编　刘明玺
主　审　代礼前
策划编辑:周　立

责任编辑:文　鹏　　版式设计:周　立
责任校对:刘雯娜　　责任印制:赵　晟

*

重庆大学出版社出版发行
出版人:邓晓益
社址:重庆市沙坪坝区大学城西路 21 号
邮编:401331
电话:(023)88617190　88617185(中小学)
传真:(023)88617186　88617166
网址:http://www.cqup.com.cn
邮箱:fxk@ cqup.com.cn(营销中心)
全国新华书店经销
万州日报印刷厂印刷

*

开本:787×1092　1/16　印张:15.5　字数:387 千
2014 年 8 月第 1 版　　2014 年 8 月第 1 次印刷
印数:1—2 000
ISBN 978-7-5624-8374-8　定价:32.00 元

前　言

随着信息技术和现代制造业技术的发展,三维建模与数字化加工即 CAD/CAM 技术已经成为制造业工程师的必备技能,所以三维建模与数控加工技术也成为所有高校机械及相关专业必修的专业基础课程。

Unigraphics NX 8.0(简称 UG NX8.0)软件是 Siemens 公司推出的紧密集成的、面向制造业最为流行的 CAD/CAE/CAM 三维数字化软件。它提供了完整的产品工程解决方案,包括概念设计、工业设计、工程仿真和数字化制造,用集成的三维实体模型来完整表达产品定义信息,将三维产品设计信息与制造信息共同定义到产品的三维数据模型中。在产品的整个生命周期中,它以主模型为唯一的数据传递形式,使用三维标注模型作为制造依据,真正实现设计、制造和检测的协同,被广泛应用于机械、模具、家电、汽车、航空航天领域。

本书在工学结合、校企合作理念指导下,根据产品开发设计和制造的要求,结合 UG 软件自身的功能特点,以机械产品设计和加工岗位技能为向导,以企业实际项目任务的实现过程为引线,以案例学习和工作任务操作为主体,"教、学、做"一体化,将求知、教学、做事和技能结合在一起,培养学生自主学习,正确处理、解决实际问题的能力。

UG NX8.0 共有二十多个应用模块,功能强大,应用灵活。本书结合机械类专业的实际,以够用为度,主要讲述设计模块和加工模块。第一部分为设计模块(即 CAD 模块),主要是零件与产品的三维建模技术,包含 4 个项目:二维图形的创建;实体特征建模;基准特征和扫掠体建模;复合建模。第二部分为加工模块(即 CAM 模块),主要是机械零件和产品的数控加工技术,包含 6 个项目:平面铣削加工;型腔铣削加工;固定轴曲面轮廓铣削加工;多轴铣削加工;综合加工;输出 NC 程序和车间工艺文件。项目的编排,按由简到难,层层深入,承上启下,形成连贯的知识结构。项目中工作任务的选择,由浅入深、由简单到复杂、由个别到系统的原则来设计;工作任务大部分来源于企业,具有新颖性、针对性、难易适度,让学生在掌握基本知识的同时,达到融会贯通、灵活运用的效果。

为支持"立体化"教学,本书向教师提供了配套的基于项目的教学课件、教学案例和配套的实例结果。

本书由西安铁路职业技术学院师利娟副教授主编,刘明玺高级工程师副主编,由西安航空发动机集团有限公司孙志洋高级工程师和西安铁路职业技术学院冯小庭、邹俊俊参加编写工作。具体分工如下:项目 1 和项目 2 的任务 1 和任务 2 由冯小庭编写;项目 3、4 由孙志洋编写,项目 2 的任务 3 和项目 8 由刘明玺编写;项目 5、6、7、9 由师利娟编写;项目 2 的任务 4 和项目 10 由邹俊俊编写;全书由师利娟统稿,西安铁路职业技术学院机电系代礼前副教授负责全书的策划和主审工作。

本书在编写过程中得到了西安航空发动机集团有限公司技术人员的支持,同时参阅了国内外出版的相关教材和资料,得到了不少启示和收益,在此对相关人员表示诚挚的感谢。

尽管我们在教材完稿过程中做了很大的努力,但由于编者学识及水平有限,书中难免存在一些不足之处,望广大读者批评指正。

编　者
2014 年 5 月

目　录

项目 1　二维图形的创建——检验样板、垫片 1

　　任务 1.1　检验样板的绘制 1

　　任务 1.2　垫片的绘制 20

项目 2　实体特征建模——连接头、定位套、台阶轴 30

　　任务 2.1　连接头基本体素特征建模 30

　　任务 2.2　定位套成型特征建模 45

　　任务 2.3　连接头成型特征建模 49

　　任务 2.4　台阶轴的成型特征建模 55

项目 3　基准特征和扫掠体建模——铸造相贯体、T 形支架、锥套连接件、杯子

　　... 61

　　任务 3.1　铸造相贯体建模 61

　　任务 3.2　T 形支架建模 69

　　任务 3.3　锥套连接件建模 77

　　任务 3.4　杯子实体建模 83

项目 4　复合建模——异型曲面、底座、Z 形支架 93

　　任务 4.1　异形曲面、底座建模 93

　　任务 4.2　Z 形支架复合建模 108

项目 5　平面铣削加工——带岛屿型腔、凹槽 115

　　任务 5.1　垫块上表面的铣削加工 115

　　任务 5.2　9 字凹槽的铣削加工 131

　　任务 5.3　双面开放式型腔铣削加工 139

　　任务 5.4　单面开放式型腔铣削加工 143

　　任务 5.5　凹形刻字加工 147

　　任务 5.6　多型腔零件加工 150

　　任务 5.7　斜滑块面铣加工 153

项目 6　型腔铣削加工——型芯、型腔曲面 159

　　任务 6.1　带台型腔铣削加工 159

　　任务 6.2　铸造型芯铣削加工 165

　　任务 6.3　ATM 键盘凸模铣削加工 167

　　任务 6.4　安装盒凸模铣削加工 171

项目7 固定轴曲面轮廓铣削加工——典型曲面类零件 ·············· 175

   任务 7.1 垫块避让面铣削加工 ····························· 175

   任务 7.2 球形曲面铣削加工 ····························· 186

   任务 7.3 凹形曲面、双柱凸模铣削加工 ····················· 189

   任务 7.4 壳体曲面、顶件器铣削加工 ····················· 195

   任务 7.5 柱形定位件铣削加工 ··························· 200

   任务 7.6 曲面异形凹槽、凸模标刻铣削加工 ·················· 202

   任务 7.7 侧向滑块铣削加工 ····························· 205

项目8 多轴铣削加工——复杂曲面类零件 ··················· 208

   任务 8.1 凹模、B 斜角零件加工 ························· 208

   任务 8.2 圆柱侧面凹槽的多轴加工 ······················· 218

项目9 综合加工——叶片锻模 ························· 226

   任务 9.1 叶片锻模凹模的铣削加工 ······················· 226

   任务 9.2 叶片锻模凸模的铣削加工 ······················· 230

项目10 输出 NC 程序和车间工艺文件 ··················· 234

   任务 10.1 执行后处理输出 NC 程序 ····················· 234

   任务 10.2 输出车间工艺文件 ··························· 237

参考文献 ································· 240

项目1　二维图形的创建——检验样板、垫片

【项目描述】

　　①创建检验样板的二维图形。

　　②创建垫片的二维图形。

【项目目标】

　　①了解 UG 软件的特点和功能。

　　②掌握 UG 软件的使用基础。

　　③掌握二维图形的绘制和编辑。

【能力目标】

　　熟练操作 UG 软件,能综合运用基本曲线和草图命令创建二维图形。

任务1.1　检验样板的绘制

【任务提出】

　　本任务通过检验样板的绘制,演示了 UG NX 8.0 软件中二维曲线的创建,以及二维曲线在三维造型中的作用。基本曲线是构建实体特征,特别是构建曲面特征的基础。它包括创建曲线、曲线操作及曲线编辑3个方面的内容。

【任务目标】

　　①了解 UG 基本曲线的作用。

　　②掌握点构造器和层的使用。

　　③掌握直线、圆弧、圆、倒圆角等命令的使用方法。

　　④掌握曲线的修剪和编辑方法。

【任务分析】

　　本任务通过检验样板的绘制,演示基本曲线中创建直线、圆、圆弧的各种方法,并对比分析各种方法。读者可根据实际情况选择最优方法完成图形的绘制,并熟练掌握基本曲线中矩形、多边形、椭圆等典型二维曲线的绘制方法,以及倒斜角和偏置等功能,为后期复杂三维建模做好准备。

【知识准备】

1.1.1　UG 概述

UG NX 是一个通用的、功能强大的交互式三维机械 CAD/CAM/CAE 集成软件。Unigraphics NX(简称 UG)软件是全球著名的 Siemens 公司推出的集 CAD/CAM/CAE 于一体的三维数字化软件,它提供了完整的产品工程解决方案,包括概念设计、工业设计、工程分析、产品验证和加工制造等,并完成在数字化的环境中建立并捕获 3D 产品信息,实现产品整个周期的数据管理,因而广泛应用于汽车、航空航天、日用消费品、通用机械以及电子工业领域。

1.1.2 UG 软件的特点

UG NX 8.0 集成先进的 CAD/CAE/CAM 计算机辅助技术,并提供了能够完成协同工作的设计环境,使产品开发从概念设计到详细设计,再到生产制造全过程实现数据的无缝集成,从而缩短整个产品的开发周期,大大提高了工作效率。UG NX 8.0 有以下几个工作特点:

①具有统一的数据库,实现了 CAD/CAE/CAM 等各功能模块之间无数据交换的自由切换。

②采用复合建模技术,可以在统一模型文件中进行实体建模、曲线建模、参数化建模、关联性建模以及非关联性建模。

③UG NX 8.0 具有强大的实体创造功能,可以创造出各种实体特征,如长方体、圆柱体、圆锥体、球体、管体、腔体、凸台、凸垫、凸起和键槽等,也可以通过点、线、面的拉伸、旋转和扫掠,创造出用户所需的实体特征。

④UG NX 8.0 提供布尔运算功能,可以将用户已创建好的实体特征进行加、减合并运算,使用户拥有更大、更自由的创造空间。

⑤具有强大的曲面设计能力,采用非均匀 B 样条做基础,运用多种方法生成复杂的曲面,尤其适合汽车、飞机、船舶、汽轮机叶片等复杂曲面的设计。

⑥出图功能强,可以十分方便地根据三维实体模型生成二维工程图。能按 ISO 标准标注名义尺寸、尺寸公差、形位公差汉字说明等,并直接对实体进行局部剖、旋转剖、阶梯剖和轴测图挖切等,生成各种剖视图,增强绘图功能的实用性。

⑦以 Parasolid 为实体建模核心,实体建模功能处于领先地位。目前著名的 CAD/CAE/CAM 均以此作为实体建模基础。

⑧内嵌模具设计引导 MoldWizard,提供注塑模向导、级进模向导、电极设计等,是模具业的首选。

⑨具有良好的用户界面,绝大多数功能都可以通过图标实现,进行对象操作时具有自动推理功能,同时在每个步骤中都有相应的信息提示,便于用户作出正确的选择。

1.1.3 UG 软件功能模块

UG NX 是一种互通式计算机辅助设计、计算机辅助制造和计算机分析(CAD/CAE/CAM)系统,它的主要功能可以分为如下三个方面:

①CAD 功能使当今制造业领域的工程、设计以及制图能力得以自动化。

②CAM 功能采用 NX 设计模型为现代机床提供 NC 编程,以描述所完成的部件。

③CAE 功能提供很多产品、装配和部件性能模拟能力,跨越了广泛的工程学科范围。

UG NX 由大量的功能模块组成,共有几十个功能模块,下面对一些常用的功能模块作简单的介绍。

（1）基本环境模块

基本环境模块是 UG NX 的基本模块。此模块的功能包括：打开、创建、保存等文件操作；着色、消隐、缩放等视图操作；视图布局；图层管理；绘图机绘图队列管理；空间漫游，定义漫游路径，生成电影文件；表达式查询；模块信息查询、坐标查询、距离测量；曲线曲率分析；曲面光顺分析；实体物理特性自动计算；用于定义标准化零件族的电子表格功能；按可用于互联网主页的图片文件格式生成 UG 零件或装配的图片文件，这些格式包括 CGM、VRML、TIFF、MPEG、FIF 和 JPEG；输入、输出 CGM、UG/Parasolid 等几何数据；Macro 宏命令自动记录、回放功能；User Tools 用户自定义菜单功能，使用户可以快速访问其他功能或二次开发功能。

（2）CAD 建模模块

CAD 功能模块是常用计算机辅助设计相关功能模块总和，它主要包括实体建模、特征建模和自由曲面建模。

1）实体建模

该模块提供了草图设计、曲线生成、布尔运算、扫掠实体、沿导轨扫掠、尺寸驱动、定义编辑变量及其表达式、非参数化模型后参数化等工具。

2）特征建模

该模块支持标准设计特征生成和编辑，包括各种孔、键槽、凹凸、方形凸台、圆形凸台、圆柱、方块、圆锥、球体、管道、倒圆、倒角以及抽壳等。这些特征被参数化定义，可对其大小及位置进行尺寸驱动。

3）自由曲面建模

该模块提供了丰富的曲面建模工具，包括：直纹面，扫描面，通过一组曲线的自由曲面，通过两组类正交曲线的自由曲面，曲线广义扫掠，标准二次曲线方法放样，等半径和变半径倒圆，广义二次曲线倒圆，两张及多张曲面间的光顺桥接、动态拉动调整等。

（3）工程制图

该模块提供自动视图布置，剖视图，各向视图，局部放大图，局部剖视图，自动、手工尺寸标注、形位公差，表面粗糙度符号标注，支持 GB、标准汉字输入，视图手工编辑，装配图剖视、爆炸图、明细表自动生成等工具。

（4）装配建模

该模块提供并行的自顶而下和自下而上的产品开发方法。装配模型中的零件数据是对零件本身的链接映象，可保证装配模型和零件设计完全双向相关，并改进了软件操作性能，减少了对存储空间的需求。零件设计修改后装配模型中的零件会自动更新，同时可在装配环境下直接修改零件。除系统定义的特征外，用户还可使用在 UG/User Defined Featuer 用户自定义特征模块中定义的用户特殊特征。所有特征均可相对其他特征或几何体定位，可以编辑、删除、抑制、复制、粘贴、引用以及改变特征时序，并提供特征历史树记录所有特征相关关系，便于特征查找和编辑。

（5）CAM 功能模块

CAM 功能模块是计算机辅助制造相关功能模块的总和，包含加工基础、加工后置处理、车削加工和铣削加工等模块。

1）加工基础模块

该模块提供如下功能：在图形方式下观测刀具沿轨迹运动的情况，进行图形化修改：如对刀具轨迹进行延伸、缩短或修改等；点位加工编程功能，用于钻孔、攻丝和镗孔等；按用户需求进行灵活的用户化修改和剪裁,定义标准化刀具库、加工工艺参数样板库,使初加工、半精加工、精加工等操作常用参数标准化,以减少使用培训时间并优化加工工艺。

2)加工后置处理模块

UG/Post Execute 和 UG/Post Builder 共同组成了 UG 加工模块的后置处理。UG 的加工后置处理模块使用户可方便地建立自己的加工后置处理程序,适用于目前世界上几乎所有主流 NC 机床和加工中心。该模块在多年的应用实践中已被证明适用于 2 ~ 5 轴或更多轴的铣削加工、2 ~ 4 轴的车削加工和电火花线切割。

3)UG 车削模块

该模块提供粗车,多次走刀精车,车退刀槽,车螺纹和钻中心孔,控制进给量、主轴转速和加工余量等参数,在屏幕模拟显示刀具路径,检测参数设置是否正确,生成刀位原文件(CLS)等功能。

4)铣削模块

UG 型芯、型腔铣削可完成粗加工单个或多个型腔,沿任意类似型芯的形状进行粗加工大余量去除,对非常复杂的形状产生刀具运动轨迹,确定走刀方式等。通过容差型腔铣削可加工设计精度低、曲面之间有间隙和重叠的形状,而构成型腔的曲面可达数百个,发现型面异常时,它可以或自行更正,或者在用户规定的公差范围内加工出型腔。

①平面铣削模块。该模块功能:多次走刀轮廓铣,仿形内腔铣,Z 字形走刀铣削,规定避开夹具和进行内部移动的安全余量,型腔分层切削功能,凹腔底面小岛加工功能,对边界和毛料几何形状的定义,显示未切削区域的边界,提供一些操作机床辅助运动的指令,如冷却、刀具补偿和夹紧等。

②固定轴铣削模块。该模块功能:产生 3 轴联动加工刀具路径,加工区域选择功能,多种驱动方法和走刀方式可供选择,自动识别前道工序未能切除的未加工区域和陡峭区域。UG 固定轴铣削可以仿真刀具路径,产生刀位文件,用户可接受并存储刀位文件,也可删除并按需要修改某些参数后重新计算。

③可变轴铣削模块。该模块支持定轴和多轴铣削功能,可加工 UG 造型模块中生成的任何几何体,并保持主模型相关性。该模块提供多年工程使用验证的 3 ~ 5 轴铣削功能,提供刀轴控制、走刀方式选择和刀具路径生成功能。

5)线切割模块

UG NX 线切割模块支持线框模型或实体模型,以方便 2 轴或 4 轴线切割加工。该模块提供了多种线切割加工走丝方式,如多级轮廓走丝、反走丝和区域移除等。此外,UG/Wire EDM 模块还支持大量流行的 EDM 软件包,包括 AGIE、Charmilles 和许多其他的工具。

(6)CAE 功能模块

CAE 功能模块是计算机辅助分析相关功能模块的总和,包含诸如有限元分析、仿真机构和注塑模分析等模块。本书侧重 CAD/CAM 模块,对 CAE 模块不作详细叙述。

1.1.4 UG 软件的使用基础

(1)UG 软件图形界面

用户启动 UG NX 8.0 后,建立一个文件或者打开一个文件,将进入 UG NX 8.0 的基本操作界面,如图 1.1 所示。

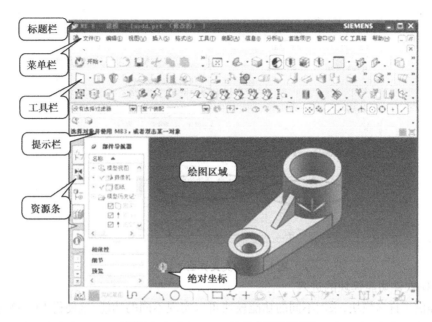

图 1.1　UG NX 8.0 的基本操作界面

1）标题栏

标题栏的主要作用是显示应用软件的图标、名称、版本、当前工作模块以及文件名称等。

2）菜单栏

菜单栏由 13 个主要菜单组成，几乎包括所有 UG NX 功能命令。与其他软件一样，单击菜单栏任意一项主菜单，便可得到一系列的子菜单。

3）工具栏

单击工具栏上的图标，即可调用相应的操作命令。在 UG NX 8.0 中，工具栏已经分成 20 多个工具条。

4）资源栏

资源栏用于存放常用的工具，包括装配导航器、部件及导航、历史角色等。部件导航器以树的形式记录了特征建模过程。装配导航器显示了装配树以及相应的操作，在导航器树形图的节点上右击，就会弹出相应的快捷菜单，因此可以方便地执行对该节点的操作，如显示尺寸、编辑参数，删除、抑制和隐藏体等。

5）绘图区

绘图区用于创建、显示和修改 CAD 模型。

绘图区的背景色也可以制定，选择"首选项"→"背景"命令，即可定制背景颜色。

（2）中英文界面的切换

UG NX 提供了多种语言界面，语言界面的切换可通过修改操作系统的环境变量来实现。切换中英文界面的步骤如下：

选择"我的电脑"，单击右键，进入系统属性对话框，如图 1.2 所示。选择"高级"→"环境变量"，在环境变量对话框，在系统变量里双击 UG II_LANG 项，进入编辑系统变量对话框，通过修改变量值将 Simple_Chinese 改成 English，单击"确定"按钮后就将中文版改成英文版，或者将 English 改成 Simple_Chinese，单击"确定"按钮后就将英文版改成中文版。

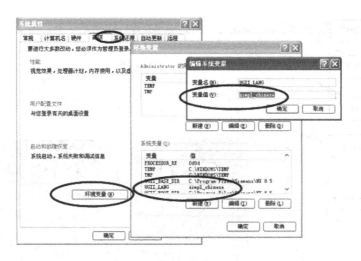

图 1.2　中英文界面的切换

（3）UG 软件功能模块的进入

　　UG 提供了许多模块,采用不同的功能模块可以实现不同的功能,这使得 UG NX 成为业界尖端的数字化开发解决方案应用软件。在 UG 入口模块界面窗口单击左上角的"启动"按钮,如图 1.3 所示,下拉菜单显示部分功能模块命令,包括钣金、装配、外观造型设计、制图、加工、机械管线布置等,按任意一图标进入相应的功能模块,可以根据使用实际进入相应的功能模块。

图 1.3　功能模块的进入

（4）UG 软件文件的管理

"文件"菜单提供了文件管理功能,要求掌握以下菜单选项。

1）新建

创建一个新文件的快捷键为 CTRL + N。新建文件时,必须指定文件的模板类型、存放路径和文件名,选择不同的模板类型,"新建文件"对话框右上角"预览"区内会自动显示模板的样式。需要注意的是,存放路径中不能包含中文字符。

2）打开

打开 UG NX 文件的快捷键为 CTRL + O。通过打开"部件文件"对话框,浏览到欲打开的文件,单击"OK"按钮即可。

直接双击 UG NX 文件也可以打开文件。注意:UG NX 无法打开存放在中文目录下的文件。

3）关闭

该命令仅能关闭 UG NX 文件,而不能关闭 UG NX 软件。"关闭"菜单下有多个子菜单项,其中常用的有以下三个。

①选定的部件:关闭指定文件。选择该选项,会弹出一个对话框,列出当前所有已打开的文件,选择关闭的文件后单击"OK"按钮,即可关闭指定文件。

②所有部件:关闭当前所有已打开的文件。

③保存并关闭:保存并关闭当前文件。

4）保存

保存文件的快捷键为 CTRL + S。为了避免操作失误或死机造成文件丢失或损坏,在三维建模过程中,每隔一段时间就应保存当前文件。

5）导入/当出

通过该功能可以实现 UG NX 与其他软件的数据交换。

6）关闭

退出 UG NX 系统,关闭软件。

（5）鼠标导航

在 UG 中,鼠标的使用非常重要。掌握好 UG 鼠标的使用,有时会起到事半功倍的作用。在通常情况下有 3 种鼠标配置,如图 1.4 所示。

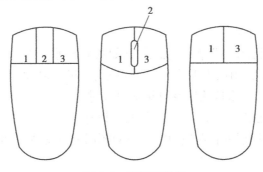

图 1.4　鼠标键识别

1—左键;2—中键;3—右键

在一个两键鼠标上,当需要鼠标中键时,一起单击左右键即可。

在一个三键鼠标上,鼠标的组合可用于:使用中键加右键去平移对象;使用中键加左键去

7

缩放对象。

鼠标键可执行的动作如表1.1 所示。

表 1.1　鼠标键可执行的动作

鼠标键	动　作
鼠标中键	当在一操作时,代表确定选择 当在图形窗口时,按下和保持旋转视图 按下 Shift 键和鼠标中键,平移视图 按下 Ctrl 键和鼠标中键,缩放视图
鼠标右键	显示各种功能的快捷菜单 显示对当前选择的对象的动作信息
旋转鼠标轮	在图形窗口中缩放视图 在链表框、菜单和信息窗口中上下滚动
鼠标左键	选择和拖拽对象
光标在工具条的按钮上	显示该按钮的帮助信息
光标在一对话框中的按钮或选项上	显示该按钮或选项的标记
光标在图形窗口中的对象、特征和组件上	基于选择类型过滤器,预先高亮对象

(6)图层的操作

图层是 UG NX 管理几何数据、几何对象的重要工具。在构建大数据量、复杂的零件时,图层特别有用。图层类似于透明纸,在透明纸上建立好各自的模型后,叠加起来就可以成为完整的几何模型。UG 中最多可以有 256 个图层,可以指定任意层为工作的层、可选的层、仅仅可见的层、不可见的层等。所有的对象可以位于同一个层,也可以位于不同的层。每个层都包含任意数量的对象。所有的图层只能有一个图层是当前工作图层,而其他图层可以设定其可见性和可选性。图层操作主要有:图层设置,创建图层类别,图层的复制和移动,图层可见性和可选性的设定。

1)图层设置

图层设置操作步骤如下:

①执行“格式”→“图层设置”命令,系统打开如图1.5 所示“图层设置”界面,可以进行工作图层的设置。目前的工作图层为1 层,在“类别显示”里可以对图层进行编辑,目前的41、42、61 层前面的方框打√,那么这些层既可见又可以进行编辑;如果只在“仅可见”列的方框打√,则图层只可见,不能编辑。在“显示”栏中,可以选择显示哪些图层,目前只显示哪些含有对象的图层。同时“在图层的控制”栏中,可以对图层的可见性、不可见性、可选性和工作图层进行控制。

②在“图层设置”对话框勾选“类别显示”复选框,对话框中将显示系统默认和用户创建的图层类别,如图1.6 所示。

在图层类别的名称上单击鼠标右键,系统打开快捷菜单。在此菜单中执行“编辑”命令,在打开的“图层类别”可进行编辑。

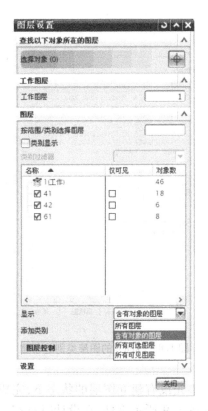

图 1.5 图层设置

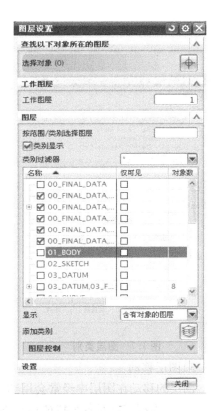

图 1.6 图层类别显示

执行"仅可见"命令,可以将选取的图层设置为可见但不可选。

执行"不可见"命令,可以将选取图层的类别中的图层设定为隐藏,图层中包含的对象不可见。

执行"删除"命令,可以对图层类别进行删除。

执行"重命名"命令,可以对图层进行重命名。

执行"编辑描述"命令,可以对图层类别的描述进行重新编辑。

2)创建图层类别

要提高图层的操作效率,应对图层进行分组。这种分组被称为类别。类别是一种一次性集中管理多个图层可见性和可选性的简单方式。下面创建一个管理 Sketch 的图层类别,包含 41~44 层,操作步骤如下:

①执行"格式"→"图层类别"命令,系统打开如图 1.7 所示"图层类别"界面。

②在该对话框"类别"文本框中设定新建图层类别为 Sketch,然后单击"创建/编辑"按钮,打开如图 1.8 所示对话框,在对话框中选择 41~44 图层,然后单击"添加"按钮将选择图层添加到新建图层里。

③单击"确定"按钮完成新建图层类别所包含的图层设定,再单击"确定"按钮关闭"图层类别"对话框,完成图层类别的创建。

图 1.7 图层类别

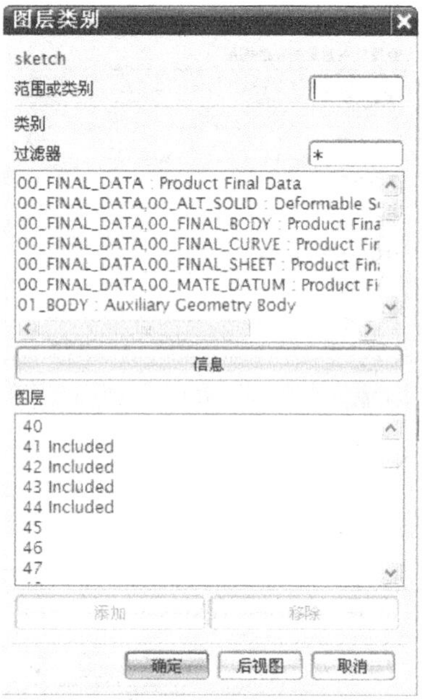

图 1.8 Sketch 的图层类别的创建

3）图层移动

图层的移动在图层中经常会用到,其主要功能就是在事先没有建立图层的状态下,完成设计,最后根据需求对各个特征进行不同图层的移动。如图 1.9 所示零件,在设计时没有建立图层,基准、草图和实体都存在于 1 层(即工作层),现在通过图层移动,将基准和草图移动到 21 层,使实体看起来更加清楚。

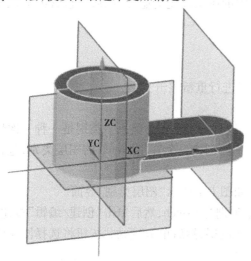

图 1.9 没有进行层设置的零件

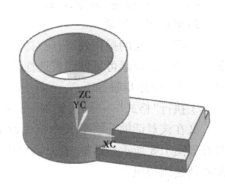

图 1.10 进行层设置的零件

执行"格式"→"移动至图层"命令,进入类选择对话框,选择图中所有的基准和草图后,输入目标图层 21 层,单击"确定"按钮,即完成了草图和基准的移动,结果如图 1.10 所示。

4）图层的复制

图层的复制在图层中经常会用到,其主要功能就是各个图层之间传递对象和副本,提高效率,减少重复劳动。层复制步骤与层移动相同。

5)图层种类设置

用户可对相关图层进行分类管理,以提高工作效率。例如可以设置建模(Modeling)、制图(Drafting)、装配(Assembly)等图层的种类。建模一般放置在1~20层;制图一般放置在21~30层;装配一般放置在31~40层。当然用户还可以根据自己的习惯来进行图层种类的设置。当需要对某一层类中的对象进行操作时,可以很方便地通过层类来实现对其中各层对象的选择。

本书后面项目建模和加工的图层管理,按标准表1.2所示进行分类。

表1.2 建议图层标准

层	对 象	类别名
1~100	Model Geometry	Model
1~14	Solid Geometry	Solid
15~20	Linked Objects	Linked Objects
21~40	Sketch Geometry	Sketches
41~60	Developed Curves	3DCurves
61~80	Reference Geometry	Datums
81~100	Sheets Bodies	Sheets
101~120	Drafting Objects	DRAF
121~130	Mechanism Tools	MECH
131~150	FEM,Engineering Tools	CAE
151~180	Manufacturing	MFG
181~190	Quality Tools	QA
201~250	Assembly Component	COMPONENTS

1.1.5 曲线

(1)如何在UG工具条每个命令下方出现文本

初学者在接触每一个工具条时,最希望的就是在UG工具条每个命令图标的下方出现文本提示。以曲线工具条的设置为例,在菜单栏选择"工具"→"定制"菜单,出现"定制"对话框,在对话框中寻找"曲线",在"曲线"前面的方框中打上√,将其选中,并在"文本在图标的下面"前面的方框中打上√,如图1.11所示。定制好的曲线工具条如图1.12所示。

(2)曲线工具

曲线工具按功能可分为三类:创建曲线工具、曲线操作工具及曲线编辑工具。

1)创建曲线工具

创建曲线工具所对应的工具条是"曲线"工具条,如图1.12所示,包括直线、圆弧、曲线、倒角、矩形、多边形和椭圆等几何要素的绘制。特别是直线、圆和圆弧的绘制,方法灵活多样,在熟练掌握的前提下,根据实际选择合适的方法,可起到事半功倍的效果。

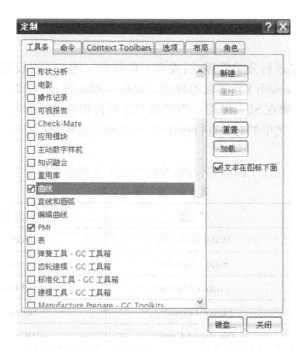

图 1.11　定制曲线工具条使文本在图标下面

图 1.12　曲线工具条文本在图标下面

2）曲线操作工具

曲线操作工具对已存在的几何对象进行相关操作以生成新的曲线,如偏置曲线、桥接曲线、投影曲线、相交曲线等。"曲线"工具条如图 1.12 所示。

3）编辑曲线工具

编辑曲线工具用于编辑修改现有的曲线,如图 1.13 所示。

(3) 曲线的绘制平面

用曲线工具所创建的几何曲线通常位于工作坐标 XY 平面上。当需要在不同的平面上创建曲线时,应先使用坐标系工具、动态 WCS 或者旋转的 WCS 和 WCS 圆点等可将所需要的平面转换成工作坐标平面。

(4) 点构造器

所有的图素都是由点构成的,所以点的创建是非常关键的。单击工具栏图标点或者选择菜单栏"插入"→"基准/点"→"点"选项,系统弹出点的创建对话框如图 1.14 所示。点的创建方法有三种,分别介绍如下:

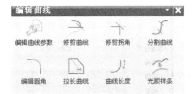

图 1.13　编辑曲线工具条

图 1.14　点的创建

1)用点的捕捉方式建立点

这种方法是利用捕捉点的方式功能,在屏幕上捕捉所选择对象的相关点,如图 1.15 所示。

2)输入点的坐标值创建点

在输入点的 X、Y、Z 坐标值时,首先选择坐标系为绝对坐标系或是用户坐标系,然后再输入坐标值。目前点的输入是在绝对坐标系下,坐标值为(50,80,100),如图 1.16 所示。

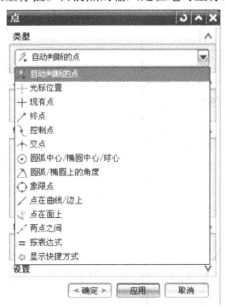

图 1.15　用捕捉点的方式来创建点　　　　　　图 1.16　输入坐标值创建点

3)用偏移方式创建点

该方式是对已知点指定偏移参数的方式来确定点的位置。偏移方式有 5 种,如图 1.17 所示。

13

图 1.17 偏置选项

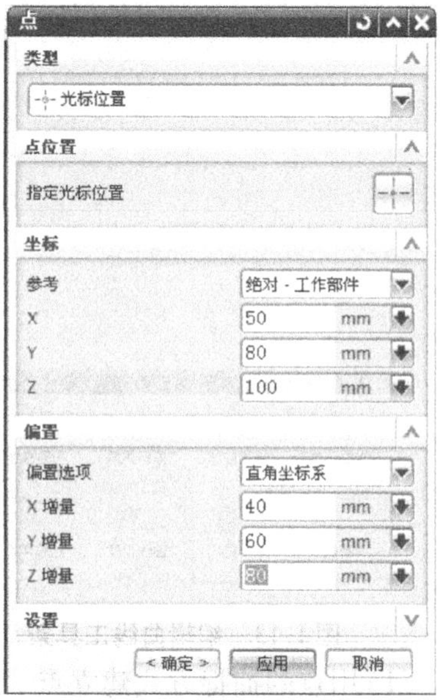

图 1.18 点 *B* 的创建

已知点 *A* 的坐标为(50,80,100),点 *B* 的坐标将点 *A* 的坐标在直角坐标系下偏移(40, 60,80),创建点 *B* 如图 1.18 所示。

【任务实施】

用曲线命令绘制如图 1.19 所示的检验样板。

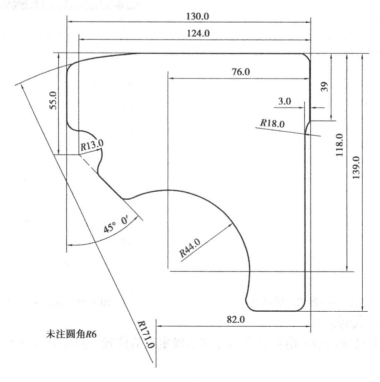

图 1.19 检验样板

(1)形状与尺寸分析

分析图 1.19 检验样板平面图形的形状和尺寸,设计基准为图形右上角点,所以选择右上角点为工作坐标系原点,以便直接从图形上获得曲线绘制尺寸。

(2)绘图步骤分析

先绘制主要曲线段,然后用修剪命令和圆角命令做圆弧连接完成整个图形的绘制。

(3)绘制步骤

1)设置图层为 41 层

执行"格式"→"图层设置"命令,设置工作图层为 41 层,关闭图层对话框。

2)绘制直线段

鼠标左键单击曲线(Curve)工具栏中的基本曲线(Basic Curves)图标,启动基本曲线功能,选择直线功能。

①保持鼠标不动,在对话工具栏中输入坐标值(0,0),回车;输入长度 39,方位角 -90°,回车,如图 1.20 所示。

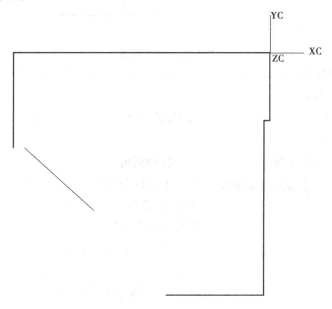

图 1.20 绘制直线段

②输入长度 3,方位角 180°,回车;输入长度 100,方位角 -90°,回车;输入长度 50,方位角 180°,如图 1.20 所示。单击"打断线串"按钮。

③输入坐标值(0,0),回车;输入长度 130,方位角 180°,回车;输入长度 55,方位角 -90°,如图 1.20 所示。鼠标左键单击"打断线串"按钮。

④输入坐标值(-124, -55),回车;输入长度 50,方位角 -45°,回车。鼠标左键单击"打断线串"按钮,如图 1.20 所示。

3)绘制圆弧

取消线串模式,选择圆弧功能。

①采用"中心,起点,终点"方法画圆弧;在对话工具栏中输入坐标值(-76, -118),回

车;采用"半径,起始圆心角,终止圆心角"方法画圆弧,在对话框中输入半径 44,起始圆心角 −45°,终止圆心角 135°,回车,如图 1.21 所示。

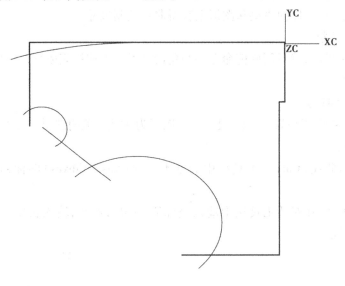

图 1.21　绘制圆弧

②继续输入坐标值(−124, −55),回车;输入半径 13,起始圆心角 −60°,终止圆心角 135°,回车,如图 1.21 所示。

③继续输入坐标值(−82, −171),回车;输入半径 171,起始圆心角 90°,终止圆心角 110°,如图 1.21 所示。

图 1.22　曲线倒圆对话框

4)倒圆角

①执行"曲线"→"基本曲线"→"圆角"命令,如图 1.22 所示,方法选择"2 曲线圆角",输入半径值为 18,单击"点构造器"按钮,选择直线端点如图 1.23 所示;单击"后退"按钮,选择直线如图 1.23 所示,并确定圆角中心的近似位置,单击"取消"按钮。执行删除命令,删除多余直线段,如图 1.24 所示。

②继续倒圆角,执行"曲线"→"基本曲线"→"圆角"命令,方法选择"2 曲线圆角",输入半径值为 6,再选择相应的直线或圆弧,确定圆心近似位置,创建其余半径为 6 的圆角,裁剪多余的曲线,如图 1.24 所示。

5)修剪

执行"曲线"→"基本曲线"→"修剪"命令,选择要裁剪的曲线为直线,选择边界对象为 $R171$ 圆弧,如图 1.24 所示,最后单击"确定"按钮,结果如图 1.25 所示。

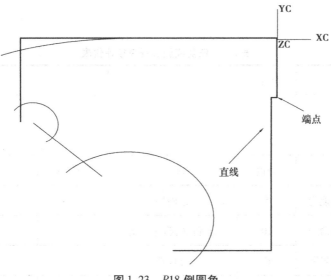

图 1.23 *R*18 倒圆角

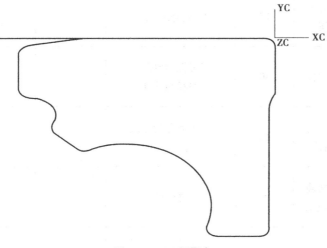

图 1.24 *R*6 倒圆角

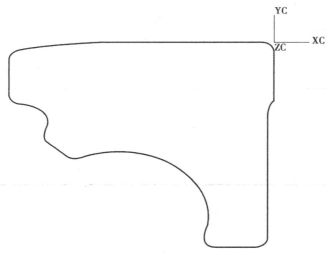

图 1.25 裁剪

【任务评价】

表1.3 任务实施过程考核评价表

学生姓名		组名		班级			
组员姓名							
考评项目		分值	要求	学生自评	小组互评	教师评定	
知识准备	识图能力	5	正确性				
	菜单命令	10	正确率、熟练程度				
任务实施	建模思路	10	合理性				
	最佳建模方案	15	正确、合理、全面				
	产品建模	30	正确性、合理性、路径简洁性				
	所遇问题与解决	10	解决问题的方式方法、成功率				
	任务实施过程记录	5	详细性				
文明上机		5	卫生情况与纪律				
团队合作、成果展示		10	团队成员相互协作和积极性				
成绩评定		100					
心得体会							

续表

1. 思考题。

　　(1)简述 UG NX 8.0 用户界面组成。

　　(2)基本曲线包含哪些命令?

　　(3)基本曲线的应用场合包括哪些?

　　(4)如何切换工作层? 要将几何对象移到指定工作层,如何操作?

2. 用曲线命令完成如图所示二维图形。

巩固练习

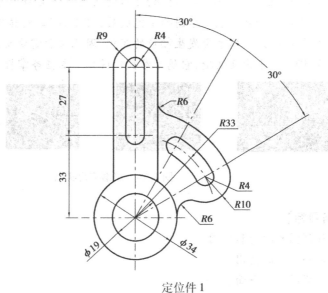

定位件 1

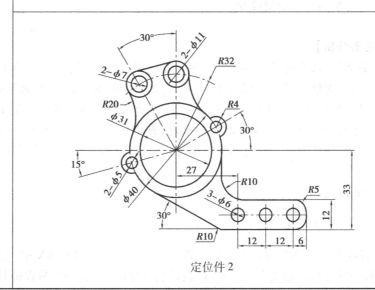

定位件 2

任务 1.2　垫片的绘制

【任务提出】

草图绘制功能是 UG NX 8.0 为用户提供一种十分方便的绘图工具,用户首先按照自己的设计意图迅速勾画出零件粗略二维轮廓,然后利用尺寸约束和几何约束功能精确确定二维轮廓线的尺寸、形状和相互位置。草图绘制完成后,可以伸拉、旋转或扫掠生成实体,如图 1.26 所示。当草图修改后,实体也会发生相应的变化,因此对于需要反复修改的实体造型,使用草图功能之后,修改起来方便快捷,它属于参数化设计。本任务掌握草图绘制的基本方法。

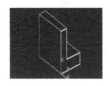

图 1.26　草图应用实例

【任务目标】

①了解草图的功能和作用。

②矢量构造器的使用。

③了解草图工作平面。

④熟悉草图基本绘制过程。

【任务分析】

绘制草图前,首先了解草图绘制的功能作用、指定草图工作平面等基本知识。绘制草图时,要熟悉草图绘制对象,如点、直线、圆、圆弧、矩形、椭圆和样条曲线等,同时要掌握草图编辑,如镜像、偏置、编辑、添加求交和投影等,然后绘制草图。用草图绘制的二维图形具有关联性,可以进行动态修改;对草图添加约束时,先添加几何约束,然后添加尺寸约束。草图允许欠约束,不允许过约束。绘制草图特征时,要把辅助基准特征转移到其相应的图层。

【知识准备】

1.2.1　草图功能作用

草图绘制能为用户提供了一种二维的绘图工具。在 UG NX 中,有两种方式可以绘制二维制图,一种是利用曲线工具,另一种就是利用草图绘制功能,两者都具有十分强大的曲线绘制功能。但与曲线工具相比,草图绘制功能还具有以下几个显著特点:

①草图绘制环境中,修改曲线更加方便快捷。

②草图绘制完成的轮廓曲线是与拉伸或旋转等扫描特征生成的实体造型相关联的,当草图对象被编辑以后,实体造型也紧接着发生变化,即具有参数设计特征。

③在草图绘制过程中,可以对曲线进行尺寸约束和几何约束,从而精确确定草图对象的

尺寸、形状和相互位置,满足用户的设计要求。

④草图绘制可以最大限度地满足用户的设计要求,这是因为所有的草图绘制都必须在某一指定的平面上绘制。而该指定平面可以是任意平面,既可以是坐标平面,也可以是某一实体平面,还可以是某一片体或碎片。

1.2.2 草图工作平面

在绘制草图对象时,首先要指定草图平面,这是因为所有的草图对象都必须附着在某一指定平面上,所以绘制草图前首先要学习绘制指定草图平面的方法。

在"直接草图"工具条中单击"草图"按钮,弹出如图1.27所示的"创建草图"对话框。此时系统提示用户"选择草图平面的对象或选择要定向的草图轴",同时在绘图区显示绘图平面的 X、Y、Z 三个坐标轴。下面将介绍"创建草图"对话框的参数设计。

图 1.27 创建草图

(1)类型

"类型"下拉列表框包含的两个选项分别是"在平面上"和"基于路径",用户可以选择其中的一种作为创建类型。系统默认的草图类型为在平面上的草图。

(2)草图平面

该选项参数用来指定实体平面为草图平面,有四种类型:"自动判断""现有平面""创建平面"和"创建基准坐标系",下面分别进行介绍。

1)自动判断

自动判断是指由系统自动判断绘图者的意图,选取绘图平面。

2)现有平面

当部件已经存在实体时,用户可以直接选择某一平面作为草图绘制平面。当指定实体平面后,该实体平面在绘图区高亮度显示,如图1.28(a)所示。

当部件中没有实体平面,也没有基准平面时,用户可以指定坐标平面为草图平面。当指定某一坐标平面为草图平面后,该坐标绘图区高亮度显示,同时高亮度显示三个坐标轴的方向。如果用户需要修改坐标轴的方向,只要双击三个坐标轴中的一个即可,例如变更原坐标轴的方向后,显示如图 1.28(b)所示。

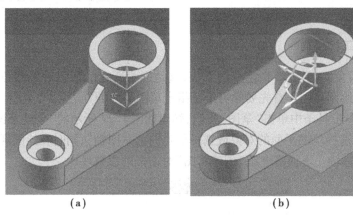

(a)   (b)

图 1.28 草图平面的选择

3)创建平面

选择"创建平面"选项,如图 1.29 所示。打开"创建草图"对话框,要求用户创建一个平面作为草图平面。

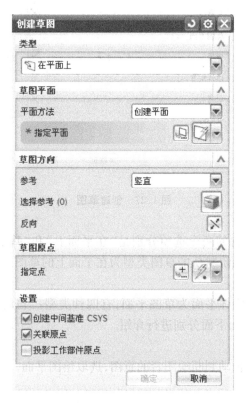

图 1.29 创建草图对话框

4）创建基准坐标系

选择"创建基准坐标系"选项，如图1.30所示，打开"创建草图"对话框。当部件存在基准坐标时，用户可以指定某一坐标系，系统将根据指定的坐标系创建草图平面。如果部件中不存在基准坐标系，那么单击"创建基准坐标系"按钮，打开"基准坐标系"对话框，则要求用户创建一个基准坐标系。

图1.30　草图参数设置

（3）草图方向

该选项组参数用来设置草图轴的方向，包含"水平"和"竖直"两个选项。

（4）草图原点

单击相应的按钮，在绘图区指定原点。

（5）设置

选用"创建中间基准CSYS"复选框，会在草图上创建基准坐标系；选用"关联原点"复选框，会将原点与模型的特征进行关联；选用"按投影工作部件原点"复选框，不会将坐标系原点设置在选择的平面上。

1.2.3　草图设计

制订草图平面后，就进入草图环境设计草图对象。如在制作模型特征之前绘制草图，一般使用"直接草图"工具条中的工具进行绘制，如图1.31所示；若选择创建模型特征的命令后

23

再创建草图,则一般使用"草图工具"工具条绘制,如图 1.32 所示。两者都可以直接绘出各种草图对象,如点、直线、圆、圆弧、矩形、椭圆和样条曲线等,两者同样可以对草图进行编辑,如镜像、偏移、编辑、添加、求交和投影等;同样可对草图对象施加约束和定位草图,如自动判断的尺寸、自动约束、动画尺寸等。

图 1.31　"直接草图"工具条

图 1.32　"草图工具"工具条

1.2.4　矢量构造器的使用

在 UG 建模过程中,经常用到矢量构造器来创建矢量,比如实体构建时生成方向、投影方向、特征生成方向等,如图 1.33 所示。矢量构造器存在于特征创建的对话框中。矢量创建的类型很多,如图 1.34 所示。

图 1.33　矢量的指定

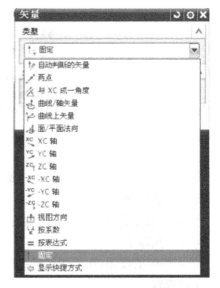

图 1.34　矢量的类型

1.2.5　草图建模的一般过程

①确定设计意图;
②规划图层,最好一个草图占一个图层;
③检查或设置草图的参考平面和参考轴线;
④创建草图特征和草图几何图形;

⑤添加约束；

⑥利用草图生成特征。

【任务实施】

用草图命令绘制如图 1.35 所示的垫片零件。

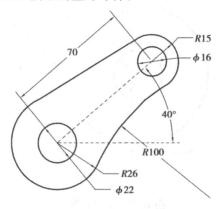

图 1.35 垫片

(1)创建草图特征

1)设置工作层

执行："格式"→"层的设置"命令,在层对话框中建立 21 工作层,并选择 21 层为当前层。

2)进入草图绘制

执行"插入"→"草图"命令,检查或设置草图平面、草图坐标轴方向,并确认草图名;按确定按钮,创建草图。

(2)粗略绘制草图图形

利用草图曲线工具条(如图 1.36 所示)中的直线命令、圆弧命令、圆命令粗略绘制图形,如图 1.37 所示。

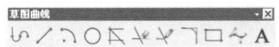

图 1.36 草图曲线工具条

注意:粗略绘制的草图图形应注意与真实图形相差不宜过大,否则在后续添加约束时容易出现畸变。

(3)添加几何约束

在草图约束工具条中选择约束命令 ,添加下列几何约束,如图 1.38 所示:直线和圆弧的相切;圆弧和圆弧的相切;两圆弧同心;直线端点和圆心的重合;圆心和草图坐标中心重合。

(4)添加尺寸约束

在草图约束工具条中选择自动推断的尺寸命令 ,添加尺寸约束,如图 1.39 所示:直线尺寸 70;直径尺寸 $\phi 12$、22;半径尺寸 R15、R26、R100;角度尺寸 40°。

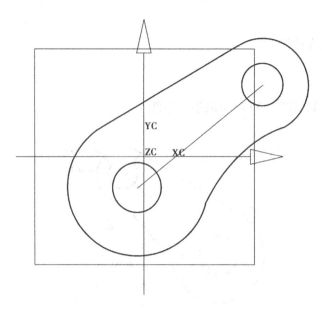

图 1.37　草绘图形

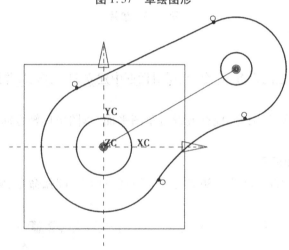

图 1.38　对草绘图形进行几何约束

（5）转换草图曲线为参考线

用鼠标单击草图约束工具条中的 按钮。

执行草图工具条中的"完成草图"命令，退出草图。

（6）移动参考特征到相应的层

执行"格式"→"移至层"命令，选择基准面和基准轴，再单击"确定"按钮，在目标层或层组中输入 61 层，再单击"确定"按钮。

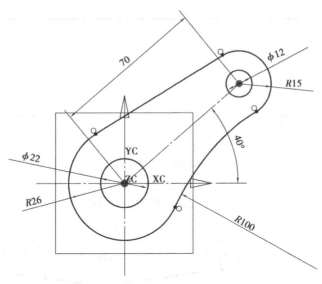

图1.39   对草绘图形进行尺寸约束

【任务评价】

表1.4   任务实施过程考核评价表

学生姓名		组 名			班 级		
组员 姓名							
考评项目		分 值	要 求	学生自评		小组互评	教师评定
知识准备	识图能力	5	正确性				
	菜单命令	10	正确率、熟练程度				
任务实施	建模思路	10	合理性				
	最佳建模 方案	15	正确、合理、全面				
	产品建模	30	正确性、合理性、 路径简洁性				
	所遇问题 与解决	10	解决问题的方式 方法、成功率				
	任务实施 过程记录	5	详细性				
文明上机		5	卫生情况与纪律				
团队合作、成果展示		10	团队成员相互协 作和积极性				
成绩评定		100					

续表

心得体会	
巩固练习	1. 思考题。 　（1）什么是草图？草图的作用是什么？ 　（1）绘制草图的操作步骤是什么？ 　（2）简述建立约束的方法。 2. 利用草图命令绘制如图所示二维零件。 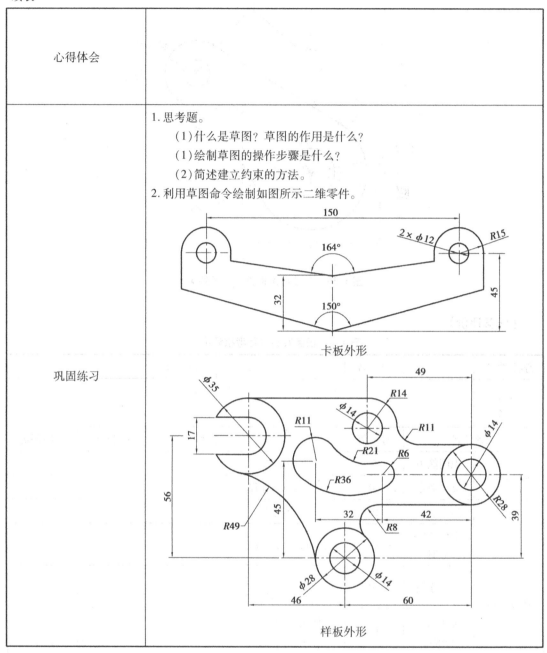 卡板外形 样板外形

续表

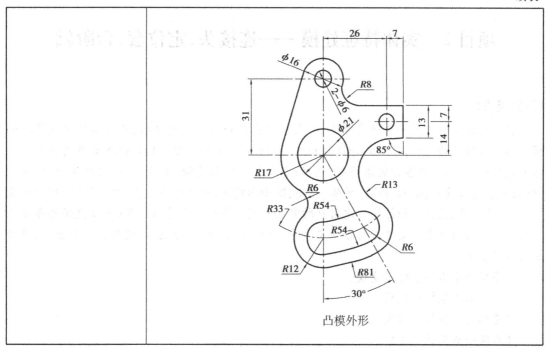

凸模外形

项目 2　实体特征建模——连接头、定位套、台阶轴

【项目描述】

实体特征建模是一种复合建模技术，它基于特征和约束建模技术，具有参数化设计和编辑复杂实体模型的能力，是 UG CAD 模块的基础和核心建模工具。UG NX 8.0 具有强大的实体创建功能，可以创建各种实体特征，包括：基本体素特征建模，如长方体、圆锥体、球体和圆锥体；成型特征建模，如孔、圆柱、腔体、凸垫、键槽和槽等；还可以通过点、线、面等创建曲线或草图，通过拉伸、旋转和扫掠等创建用户所需要的实体特征。此外，UG NX 8.0 提供的布尔运算功能可以将用户已经创建好的各种实体特征进行加、减和合并运算，使用户具有更大、更自由的设计空间。

①连接头基本体素特征建模。

②定位套成型特征建模。

③连接头成型特征建模。

④台阶轴成型特征建模。

【项目目标】

①掌握实体特征建模中的基本体素特征建模。

②掌握实体特征建模中的成型特征建模。

③掌握实体特征建模中的扫掠体特征建模。

【能力目标】

①能熟练使用基本体素特征建模。

②能熟练使用成型特征建模。

③能熟练使用扫掠体建模。

④能正确应用实体特征建模技巧。

任务 2.1　连接头基本体素特征建模

【任务提出】

本任务通过连接头的实体建模过程，演示了 UG NX 8.0 软件中基本体素特征建模的方法。体素特征建模是采用基本体（即长方体、圆柱、圆锥和球）堆积或切割（即布尔运算）的方式成型的，它是组合体成形最直接的一种方法，也是最简单的一种方法。它不具有参数化，所以适合于简单组合体的成型。

【任务目标】

①熟悉 UG 建模模块的用户工作界面。

②掌握基本体素特征建模的方法和过程。

③掌握布尔运算的方法和特点。

④加强矢量构造器的创建。

【任务分析】

UG软件中,零件名称和部件保存路径不支持中文和中文符号;在创建基本体素时,要注意方向矢量的控制和基点的选择。基本体素特征是独立存在的基本实体,在创建连接头时,要注意每增加一个体素,应及时运用布尔运算功能进行合并运算。

【知识准备】

2.1.1　工具栏的定制

在日常绘图中,我们经常要频繁使用一些命令,通常在工具栏中调用命令的速度比菜单快。但工具栏上的图标太多,会占用UG NX的绘图空间。因此要根据自己的实际需要对工具栏进行定制,使工具栏上只显示最常用的工具条和命令图标,方便绘图。现要求绘制如图2.1所示腔体类零件,软件默认的工具栏不能满足绘图需要,需要重新定制。

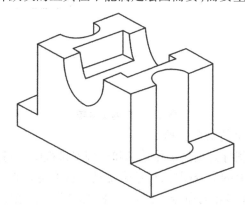

图2.1　零件

工具栏的定制是绘图前重要的准备工作。如图2.1所示是腔体类零件,而工具栏中没有腔体的图标,因此需要定制所需要的工具栏。学习时必须熟练掌握工具定制的过程,根据自己所绘制图形定制出适合绘图要求的工具栏。

(1)定制工具条的位置

工具条可以嵌在工具条内,也可以悬浮在绘图区域。嵌入式工具条可以放置在UG NX菜单周边,而悬浮式的工具条可放置在视频区域的任何位置。

(2)显示/隐藏工具条

在工具条上单击鼠标右键,然后在快捷键菜单中选择要显示的或隐藏的工具条即可。在快捷菜单中选择"定制"命令,或在菜单中选择"工具"→"定制"命令,会弹出如图2.2所示的对话框,选择或取消选择"工具条"选项卡的工具条复选框也可以达到显示/隐藏工具条的目的。

（3）显示/隐藏工具条中的命令名称

单击"定制"对话框中"工具条"列表框内的一个工具条，然后选择对话框右侧的"文本在图标下面"复选框，如图 2.2 所示。复选框内选上"√"符号的，则该工具条会同时显示命令图标及相应的命令名称，反之则仅显示命令图标。

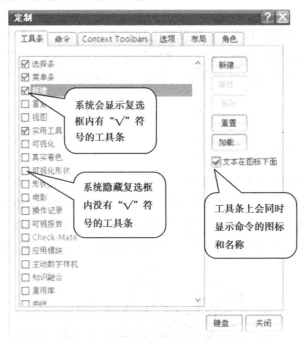

图 2.2　定制工具条

（4）显示/隐藏工具条上的命令图标

在工具条上增加命令图标是提高工作效率和合理安排视图空间的有效方法。

要增添或移除工具条上的命令图标，可单击工具条右下角处的箭头，然后从"添加或移除按钮"菜单中选择要添加或移除的命令。例如要在"曲线"工具条中添加"偏置曲线"命令图标，可单击"编辑曲线"工作条右下端三角符号▼，再执行"添加或删除按钮"→"偏置曲线"命令，然后在弹出菜单中单击图标名称"偏置曲线"，使之前部内复选框出现"√"，如图 2.3 所示。

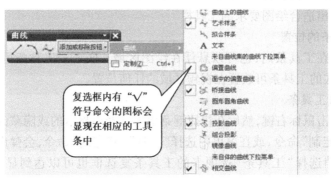

图 2.3　增添工具条上的命令

（5）定制图标的大小

在如图 2.2 所示的"定制"对话框中单击"选项"选项卡，切换到如图 2.4 所示的页面。

该页面的下半部分可以设置工具条图标的大小以及菜单图标的大小，有"特别小""小" "中"和"大"四种选项，一般选择"特别小"图标，以扩大绘图区域的工作空间。

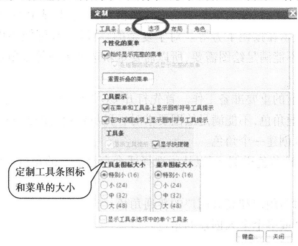

图 2.4　定制图标的大小

（6）定制工具栏

以设计图 2.1 实体为例，对工具栏进行定制。

首先打开 UG NX 8.0 软件，单击"新建"按钮新建一个"模型"类型文件，单击"确定"按钮，即可进入建模模块。此时进行工具栏定制，单击工具条右下角处的箭头，然后从"添加或移除按钮"菜单中选择要添加或移除的命令。单击"特征"按钮，就会出现如图 2.5 所示菜单。在"腔体"按钮前方框单击，出现"√"，此时腔体图标就出现在工具栏中。在此设计实例中没有用到"偏置凸起"等，为了节省工具栏空间，可单击"偏置凸起"按钮，此时偏置凸起按钮前方框中的"√"消失，此时工具栏中"偏置凸起"图标消失，完成工具栏定制。如果感觉定制图标过大，挤占绘图区域，可以在如图 2.4 所示的"定制"对话框中单击"选项"选项卡，选择"特别小"按钮，以此扩大绘图区域。如此完成工具栏的定制。

图 2.5　工具栏定制

2.1.2 角色的创建

(1) UG 提供的角色

UG NX 提供了许多角色,可根据绘图的需要从中选择适宜的角色。使用角色可以有多种方式来控制用户界面外观,例如菜单条上显示的项目,工具条上显示的项目,工具条上显示的按钮,按钮名称是否显示在按钮下方等。对于复杂的零件图,有可能要用到菜单里的高级功能。使用默认角色则不能满足绘图需要,所以需要重新选择更高等级角色或创建新的角色。

(2) 角色面板

角色创建是绘图前的重要准备工作。首先打开 UG NX 8.0 软件,此时系统对用户默认的角色为高级系统的普通角色,不能满足绘图要求时,可以有两种途径来实施这个任务,即可以选择一个角色,也可以创建一个角色。

UG NX 提供了多种角色样例,可以从中选择适合自己需要的角色样例。角色面板中包括的组项如图 2.6 所示。

①系统默认:针对新用户和高级用户的普通角色。

②用户:保存一个或多个个人创建的角色。

图 2.6 角色的组项

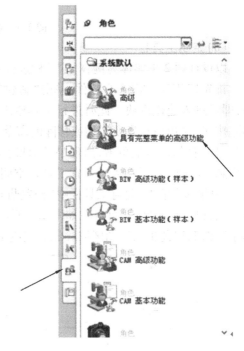

图 2.7 系统角色的选择

(3) 选择角色并激活

①在资源条上,单击 标签显示选项卡,出现系统默认的很多角色,如图 2.7 所示。

②一般选择"具有完整菜单的高级功能角色"菜单。双击需要的角色,在提示对话框中单击"确定"按钮。

(4) 创建一个新角色

①单击资源条上"角色"选项卡;

②在"角色"资源板的"系统默认"处单击右键,并选择"新建角色用户"命令,如图 2.8 所示。

③在"角色属性"的对话框中,角色的名称:MyRole_1,描述:本角色适合于模具设计。选择该角色的应用模块,如图2.9 所示。

图 2.8　新建角色

图 2.9　角色属性的设置

④可选添加一个图像,该图像与角色一起显示在"角色"资源板中,图中的格式可以是 BMP 或者 JPEG。

⑤单击"确定"按钮后,新的用户角色将出现在"角色"资源板的"用户"文件中。

2.1.3　坐标系的使用

在进行三维造型建模时,坐标系的创建和熟练使用是非常关键的。用户根据绘图的实际需求,可创建、隐藏、删除坐标系;有时要对坐标系进行移动、旋转等操作,这就要求用户要熟悉 UG NX 中坐标系的类型,熟悉坐标系的建立、保存和使用。

(1)UG NX 坐标系的类型

UG NX 系统中共有 3 个坐标系:绝对坐标系(ACS, Absolute Coordinate System)、工作坐标系(WCS, Work Coordinate System)、机械坐标系(MCS, Machine Coordinate System)。绝对坐标系是系统默认的坐标系,其原点位置和各坐标轴线的方向永远不变,在用户新建文件时就产生了;工作坐标系是 UG 系统提供给用户的坐标系统,用户可以根据需要任意地移动、旋转它,也可以设置属于自己的 WCS;机械坐标系一般用于模具设计、加工和配线等向导操作中。

因为只有 WCS 的 XC-YC 平面才为工作面,所以建模过程中往往需要通过"坐标构造器"来构建新的 WCS(原来的 WCS 可存储为一个坐标元素,以便将来切换)。工作坐标系符号用 XC、YC、ZC 标记(其他坐标系统符号为 X、Y、Z)。

进入坐标系的菜单,选择"格式"→"WCS"菜单项,系统弹出如图 2.10 所示的下拉菜单。利用此下拉菜单,可以实现坐标系的 9 种编辑,实现工作坐标系的移动、旋转、更改 X 轴或 Y

轴方向等操作。

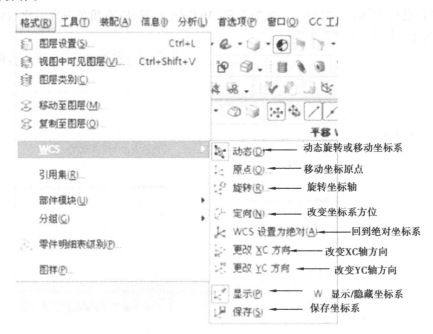

图 2.10　WCS 的下拉菜单

（2）动态旋转或者移动坐标系

执行"格式"→"WCS"→"动态"命令,系统出现如图 2.11 所示动态旋转或者移动坐标轴的符号。

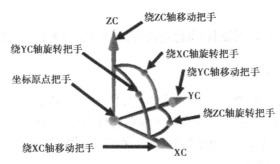

图 2.11　动态旋转或者移动坐标轴

坐标原点拖动:选择坐标原点把手,拖动到满意的位置,也可以拖动到网格点,单击鼠标中键。

沿轴拖动:选择沿着 XC、YC 或者 ZC 的移动把手,拖动到满意的位置,单击鼠标中键。

旋转坐标轴:选择沿着 XC、YC 或者 ZC 的旋转把手,旋转拖动到满意的位置,单击鼠标中键。

（3）移动坐标原点

执行"格式"→"WCS"→"原点"命令,系统打开如图 2.12 所示的"点构造器"对话框,通过移动坐标原点来移动坐标系。在点构造器中首先选择在哪个坐标系移动:如果选择"绝对-工作部件",则坐标系变为绝对坐标系,三个坐标分别为 X、Y、Z;如果选择 WCS,则坐标系变为用户坐标系,三个坐标分别为 XC、YC、ZC。在三个坐标栏中输入移动的数值,则原点移动到指定的位置。

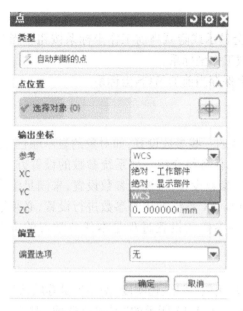

图2.12　通过点构造器移动坐标系

图2.13　坐标系的旋转

（4）坐标系的旋转

执行"格式"→"WCS"→"旋转"命令,系统打开如图2.13所示的"旋转WCS"对话框。通过该对话框,可将当前WCS坐标系绕某一个轴旋转指定角度,从而定义新的WCS坐标系。其中,XC→YC表示上绕+ZC轴旋转,XC→YC表示由XC轴向YC轴旋转,在角度里输入旋转角度。其他选项类似。

（5）改变坐标系方位

执行"格式"→"WCS"→"定向"命令,系统打开如图2.14所示的对话框,可以选择坐标元素构建坐标系,有14种定义坐标系的方法。

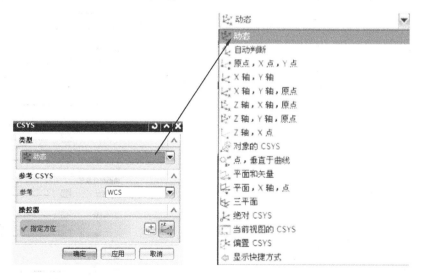

图2.14　坐标系的构建方法

（6）WCS 显示和保存

选择"格式"→"WCS"→"显示"命令,则系统会显示或隐藏当前工作坐标系按钮。当菜单前方的按钮按下时,则显示工作坐标系,否则隐藏工作坐标系。

选择"格式"→"WCS"→"保存"命令,则系统会保存当前的 WCS 坐标系。

2.1.4 系统参数的设定

有时候用户可以根据自己的需要,改变系统默认的一些参数设置,如对象的显示颜色、绘图区的背景颜色、对话框中显示小数点的位数等。本任务将介绍一些系统参数的设置方法,它们包括对象参数的设置、用户界面参数设置、选择参数设置、可视化参数设置,来满足绘图实际需求和个性化需要。要根据绘图实际需要对 UG NX 系统默认的参数进行设置,必须了解系统参数的种类,每一种参数设置的过程。每种参数的设置过程是本任务学习的重点难点。

（1）对象参数的设置

对象参数的设置是指设置曲线或者曲面的类型、颜色、线型、透明度、偏差矢量等默认值。

在菜单栏中选择"首选项"→"对象"命令,打开如图 2.15 所示的"对象首选项"对话框。在常规选项卡中,用户可以设置工作图层、现行类型,线在绘图中显示的颜色、线型和线宽,还可以设置实体或片体的局部着色、面分析和透明度参数,用户只要再相应地选择参数即可。单击"分析"标签,可切换到"分析"选项卡,显示如图 2.16 所示。

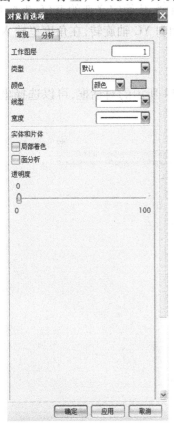

图 2.15　对象首选项常规

图 2.16　对象首选项分析

如图 2.16 所示,在"分析"选项卡中,用户可以设置曲面连续性显示颜色。用户单击复选框后的颜色块,系统打开"颜色"对话框。用户可以选择"颜色"对话框中一种颜色作为曲面连续性的显示颜色。此外用户还可以在"分析"的选项卡中设置截面分析显示、曲线分析显示、曲面分析显示、偏差度显示和高亮线显示颜色。

(2)用户界面参数设计

用户界面参数设计是指设置对话框中的小数点、撤销时是否确认、跟踪条、资源条、日记和用户工具参数等。

在菜单栏中选择"首选项"→"用户界面"菜单命令,弹出如图 2.17 所示的"用户界面首选项"对话框,系统提示用户设置用户界面首选项。单击"布局"标签,可切换到"布局"选项卡,显示如图 2.18 所示。关于"宏"选项卡、"操作记录"选项卡和"用户工具"选项卡,用户可以自己切换,这里不再介绍。

图 2.17　用户界面首选项

图 2.18　布局

如图 2.17 所示,在"常规"选项卡中用户可以设置对话框中小数点的位数、跟踪小数点的位数、信息窗口中小数点的位数、资源条的主页网址等参数。

如图 2.18 所示,在"布局"选项卡中,用户可以设置 Windows 风格、资源条的显示位置以及是否自动废除等参数。

(3)选择参数设置

选择参数设置是指用户选择对象时的一些相关参数,如光标半径、选择方法和矩形方式的选择范围等。

在系统中选择"首选项"→"选择"菜单命令打开如图 2.19 所示的"选择首选项"对话框，系统提示用户设置选择首选项。

如图 2.19 所示，用户可以设置多重选择的参数，面分析视图和着色视图等高亮显示参数，预览延迟和快速拾取延迟的参数，光标半径(大、中、小)等的光标参数、尺寸链的公差和选取的方法参数。

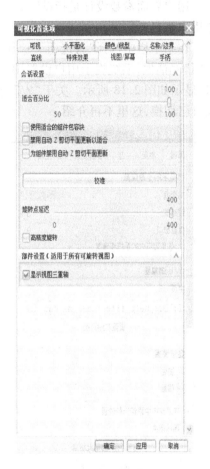

图 2.19　选择

图 2.20　可视化

(4)可视化参数设置

可视化参数设置，是指设置渲染样式、光亮度百分比、直线线型、对象名称显示、背景设置、背景编辑等参数。

在菜单中选择"首选项"→"可视化"菜单命令，打开如图 2.20 所示的"可视化首选项"对话框，系统提示用户设置可视化首选项。

如图 2.20 所示，"可视化首选项"对话框包括"名称/边界""直线""特殊效果""视图/屏幕""可视""小平面化""手柄"和"颜色/线型"8 个标签。用户单击不同标签就可以切换到相应的选项卡中以设置相关参数。如图 2.20 所示为切换到"可视"选项卡的情况。

【任务实施】

利用基本体素特征的建模方法，结合布尔运算创建如图 2.21 所示的连接头，单位为英寸。

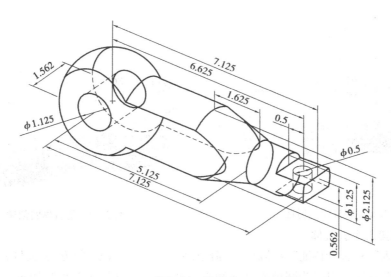

图2.21　连接头

（1）新建文件

打开 UG NX 8.0，执行"新建"命令，创建 UG 部件，文件名为 lianjietou。

（2）建立球体

执行"插入"→"设计特征"→"球"命令，采用"直径、圆心"的方法，参数为直径3，圆心为坐标原点，如图2.22所示。

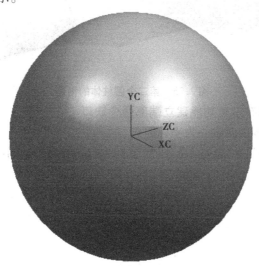

图2.22　球

（3）建立第一个圆柱体

执行"插入"→"设计特征"→"圆柱体"命令，采用"直径、高度"的方法，矢量方向 XC 轴，参数为直径2.125，高度3.5，基点球体中心；执行布尔加（Unite）运算，如图2.23所示。

（4）建立圆锥体

执行"插入"→"设计特征"→"圆锥体"命令，采用"直径、高度"的方法，矢量方向 XC 轴；参数为底部直径2.125，顶部直径1.25，高度1.625，基点为圆柱体顶面中心；执行布尔加（Unite）运算，如图2.24所示。

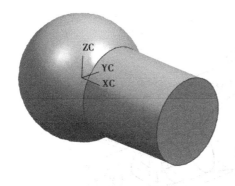

图 2.23　圆柱体的创建

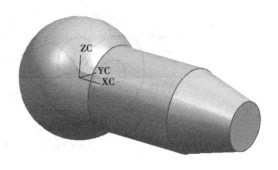

图 2.24　圆锥体的创建

（5）建立第二个圆柱体

执行"插入"→"设计特征"→"圆柱体"命令，采用"直径、高度"的方法，矢量方向 XC 轴，参数为直径 1.25，高度 2，基点为圆锥体的顶面中心；执行布尔加（Unite）运算，如图 2.25 所示。

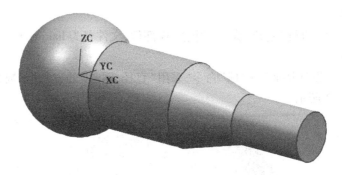

图 2.25　第二个圆柱体的创建

（6）用长方体特征和布尔差功能建立端部两个缺口

1）设置第二个圆柱体顶面中心为坐标原点

执行"格式"→"WCS"→"原点"命令，用鼠标选择圆柱体顶面中心，建立用户坐标系，如图 2.26 所示。

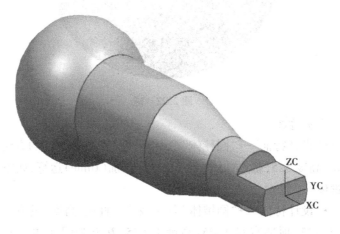

图 2.26　上下两缺口的形成

2)建立长方体一

执行"插入"→"设计特征"→"长方体"命令,采用长、宽、高的方法,参数为长1,宽1.25,高1,原点为(-1,-0.625,0.281);执行布尔差(Subtract)运算。

3)建立长方体二

执行"插入"→"设计特征"→"长方体"命令,采用长、宽、高的方法,参数为长1,宽1.25,高1,原点为(-1,-0.625,-1.281);执行布尔差(Subtract)运算,结果如图2.26所示。

(7)用长方体特征和布尔差功能建立两个侧面

1)恢复坐标原点为初始状态

执行"格式"→"WCS"→"方位"命令,选择ACS,单击"确定"按钮,坐标系如图2.27所示。

2)建立长方体一

执行"插入"→"设计特征"→"长方体"命令,采用长、宽、高的方法,参数为长7,宽1,高3,基点为(-1.5,-1.781,-1.5);执行布尔差(Subtract)运算。

3)建立长方体二

执行"插入"→"设计特征"→"长方体"命令,采用长、宽、高的方法;参数为长7,宽1,高3,基点为(-1.5,0.781,-1.5),执行布尔差(Subtract)运算,结果如图2.27所示。

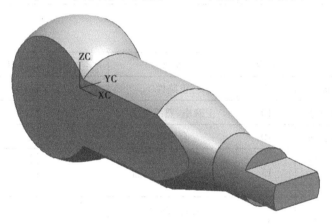

图2.27 两侧面的形成

(8)建立 $\phi0.5$ 和 $\phi1.125$ 两孔

1)建立 $\phi1.125$ 圆柱体

执行"插入"→"设计特征"→"圆柱体"命令,采用直径、高度的方法,矢量方向YC轴,参数为直径1.125,高度3,基点为(0,-1.5,0),执行布尔差(Subtract)运算。

2)建立 $\phi0.5$ 圆柱体

执行"插入"→"设计特征"→"圆柱体"命令,采用直径、高度的方法,矢量方向ZC轴,参数为直径0.5,高度1,基点为(6.625,0,-0.5),执行布尔差(Subtract)运算,结果如图2.28所示。

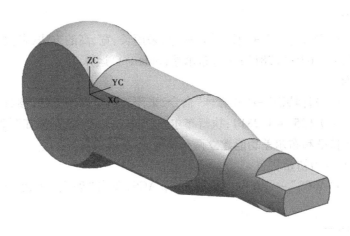

图 2.28　建立 $\phi0.5$ 和 $\phi1.125$ 两孔

【任务评价】

表 2.1　任务实施过程考核评价表

学生姓名		组名			班级	
同组学生姓名						
考评项目		分值	要求	学生自评	小组互评	教师评定
知识准备	识图能力	5	正确性			
	菜单命令	10	正确率、熟练程度			
任务实施	建模思路	10	合理性			
	最佳建模方案	15	正确、合理、全面			
	产品建模	30	正确性、合理性、路径简洁性			
	所遇问题与解决	10	解决问题的方式方法、成功率			
	任务实施过程记录	5	详细性			
文明上机		5	卫生情况与纪律			
团队合作、成果展示		10	团队成员相互协作和积极性			
成绩评定		100				

心得体会	
巩固练习	1. 思考题。 　(1)简述如何创建一个角色。 　(2)基本体素特征包含哪几种特征? 　(3)列举建立长方体特征的三种方法。 　(4)建立圆锥体特征有哪几种方式? 2. 用基本体素特征建模完成如图所示矩形底座的实体建模。 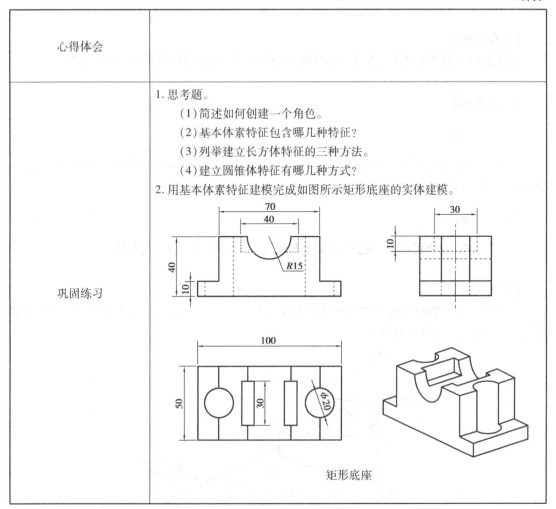 矩形底座

任务2.2　定位套成型特征建模

【任务提出】

在实体建模过程中,特征用于模型的细节添加。特征的添加过程可以看成是模拟零件的加工过程,它包括孔、圆台、腔体、垫块、键槽和槽等。本任务通过该定位套的实体建模过程,演示了 UG NX 8.0 软件中成型特征建模中添加材料成型(圆台、凸垫成型)的方法。成型特征建模应该注意只能在实体上创建特征,且它属于参数化成型。

【任务目标】

①熟悉 UG 成型特征圆台凸垫成型的用户工作界面。

②掌握添加材料成型(圆台、凸垫成型)方法和过程。

③掌握圆台凸垫设计的定位方法。

【任务分析】

定位套的三维实体建模,主要是利用模型添加材料的成形特征(圆台、凸垫成形)。

【知识准备】

2.2.1 凸台

使用"凸台"命令可以在模型上添加具有一定高度的圆柱形状,其侧面可以是直的或拔模,创建后的凸台与原来的实体并为一体。

2.2.2 垫块

使用"垫块"命令可以在一已存在实体上建立一个矩形垫块或常规垫块。

【任务实施】

利用为模型添加材料的成型特征建模方法(凸台和垫块),完成如图 2.29 所示定位套零件的三维实体造型,单位为英寸。

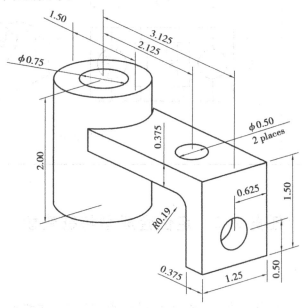

图 2.29 定位套

(1)建立长方体

执行"插入"→"设计特征"→"长方体"命令,采用"原点,边长度"的方法建立长方体。参数为长 3.125、宽 1.25、高 0.375,基点为坐标系原点,结果如图 2.30 所示。

(2)添加圆台特征 1

执行"插入"→"设计特征"→"凸台"命令,选择长方体顶面为放置面,特征参数分别为直径 1.5,高度 0.5,拔模角 0°,单击"应用"按钮;选择"垂直的"定位方式,选择长方体顶面前边缘线，输入0.625，单击"应用"按钮；选择"点到线"定位方式，选择长方体顶面左边缘线，单击"确定"按钮，结果如图2.31所示。

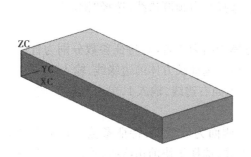

图2.30　长方体

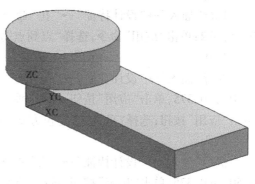

图2.31　添加凸圆台特征1

（3）添加圆台特征2

执行"插入"→"设计特征"→"凸台"命令，选择圆台的底面为放置面，特征参数分别为直径1.5，高度1.5，拔模角0°，单击"确定"按钮；选择"点到点"定位方式，选择圆台一底圆边线，再选择"中心"，取消对话框，结果如图2.32所示。

（4）建立凸垫

执行"插入"→"设计特征"→"垫块"命令，选择长方体底面为放置面，选择平行于XC的边缘线为水平参考方向；特征参数分别为长0.375、宽1.25、高1.125，拐角半径0，拔模角0°；单击"确定"按钮，选择"线到线"定位方式，选择长方

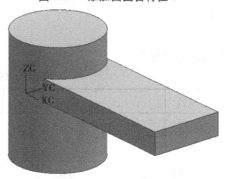

图2.32　添加圆台特征2

体右侧下边线，选择垫块上面右侧边线；选择"线到线"定位方式，选择长方体前侧下边线，选择垫块上面前边线，结果如图2.33所示。

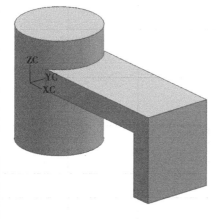

图2.33　建立凸垫

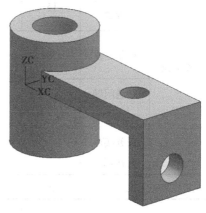

图2.34　建立三个孔特征

（5）建立三个孔特征

1）孔一

执行"插入"→"设计特征"→"孔"命令,选择圆台顶面为放置面,特征参数分别为直径 0.75,深 2;单击"应用"命令,选择"点到点"定位方式,选择圆台顶圆边线,选择"圆心"。

2）孔二

执行"插入"→"设计特征"→"孔"命令,选择长方体顶面为放置面,特征参数分别为直径 0.50,深 0.375,单击"应用"按钮;选择"垂直的"定位方式,选择长方体前边缘线,输入 0.625, 单击"应用"按钮;选择"垂直的"定位方式,选择长方体顶面右边线,输入 1,单击"确定"按钮。

3）孔三

执行"插入"→"设计特征"→"孔"命令,选择垫块侧面为放置面;特征参数分别为直径 0.50,深 0.375,单击"确定"按钮;选择"垂直的"定位方式,选择垫块前边缘线,输入 0.625,单击"应用";选择"垂直的"定位方式,选择垫块下边线,输入 0.5,单击"确定"按钮,结果如图 2.34 所示。

【任务评价】

表 2.2 任务实施过程考核评价表

学生姓名		组名		班级		
组员姓名						
考评项目		分值	要求	学生自评	小组互评	教师评定
知识准备	识图能力	5	正确性			
	菜单命令	10	正确率、熟练程度			
任务实施	建模思路	10	合理性			
	最佳建模方案	15	正确、合理、全面			
	产品建模	30	正确性、合理性、路径简洁性			
	所遇问题与解决	10	解决问题的方式方法、成功率			
	任务实施过程记录	5	详细性			
文明上机		5	卫生情况与纪律			
团队合作、成果展示		10	团队成员相互协作和积极性			
成绩评定		100				

续表

心得体会	
巩固练习	1.思考题。 　(1)简述添加圆台特征分类和方法。 　(2)简述建立凸垫的方法。 　(2)简述孔特征的分类。 2.利用模型成型特征建模方法完成如图所示配合套的三维实体造型。 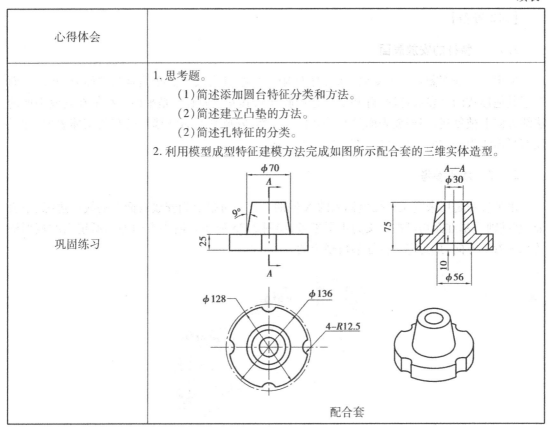 <div align="center">配合套</div>

任务2.3　连接头成型特征建模

【任务提出】

本任务通过添加材料成型(圆台、凸垫成型)方法,完成连接头的实体创建,用去除材料成型(孔、腔体和裁剪)方法完成连接头的实体建模。

【任务目标】

①熟悉孔、腔体、裁剪等功能。

②掌握去除材料成型方法。

③掌握孔、腔体设计定位方法。

【任务分析】

本任务将用成型特征建模,用添加材料和去除材料方法完成该零件的实体建模,并对两种建模方法的优缺点进行比较。

【知识准备】

2.3.1 特征的安放表面

所用的特征都需要一个安放平面,对于沟槽来说,其安放平面必须是圆柱面或圆锥面,而对于其他形式的大多数特征(除垫块和通用腔外),其安放面必须是平面。特征在安放平面的法线方向上被创建,与安放表面具有关联性。当然,安放平面通常选择已有的实体表面,如果没有平面作为安放面,可以画基准面作为安放面。

2.3.2 水平参考

水平参考是用来定义特征坐标系的 X 轴的。任一可投射到安放表面上的线性边缘、平表面、基准轴或基准面均可被定义为水平参考,如图 2.35 所示。箭头方向即为所定义的矩形槽的水平参考方向,是为定义特征参数规定的。

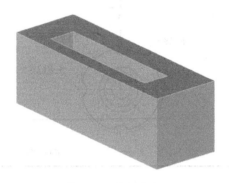

图 2.35 水平参考

2.3.3 定位方法

在成型特征创建过程中,都会有特征的定位方式。定位尺寸是沿安放面测量的距离值,它们用来定义设计特征在安放表面的正确位置。如图 2.36 所示为腔特征"定位"对话框所列的 9 种定位方法。

图 2.36 腔特征"定位"对话框

(1)水平方式

水平定位首先要确定水平参考。水平参考用于确定特征的 XC 轴的方向,而水平定位是确定与水平参考平行方向的定位尺寸。

(2)竖直方式

竖直定位首先要确定竖直参考。竖直定位方式是指垂直于水平参考方向上的尺寸,它一般与水平定位方式一起使用来确定特征的位置。

(3)平行方式

平行定位是用两点连线距离来定位。

(4)垂直方式

垂直定位是用成型特征体上某点到目标边的垂直距离定位。

（5）按一定距离平行定位

按一定距离平行定位是指成型特征体一边与目标体的边平行且间隔一定距离的定位方式。

（6）成角度定位

成角度定位是指成型特征体一边与目标体的边成一定夹角的定位方式。

（7）点到点定位

点到点定位是指成型特征体一点和目标体上一点重合的定位方式。

（8）点到线定位

点到线定位是指成型特征体一点落在一目标体边上的定位方式。

（9）线到线定位

线到线定位是指成型特征体一边落在一目标体边上的定位方式。

重点提示：

①凸台、垫块、孔、腔体、键槽和槽不是独立实体特征，只能在已产生的模型上建立该特征。

②凸台、垫块、孔、腔体、键槽和槽必须建立在模型的面上，称之为放置面。

③对已添加到模型上的特征，需选择合适的定位方式确定它们的位置。

④UG 支持四则运算，一些难以计算的数值可以列公式计算。

【任务实施】

利用为模型去除材料的成型特征建模方法（孔、腔体和裁剪）命令完成如图 2.21 所示连接头零件的三维实体造型，完成后比较任务 2.1 和任务 2.3 两种造型方法的优缺点。

（1）建立球体

执行"插入"→"设计特征"→"球"命令，采用"直径、圆心"的方法创建球体，参数为直径3，圆心为坐标原点，如图 2.37 所示。

（2）创建三个圆台

1）创建基准平面

执行"插入"→"基准/点"→"基准平面"命令，在工具条上选择"基准平面对话框"按钮，选择固定基准，单击"确定"按钮，如图 2.38 所示。

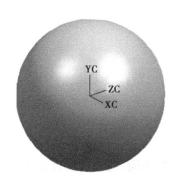

图 2.37 球

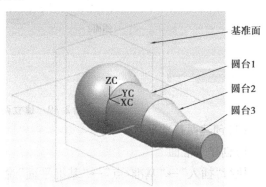

图 2.38 创建三个圆台

2)创建圆台 1

执行"插入"→"设计特征"→"凸台"命令,选择"YC-ZC"基准面为放置面;特征参数分别为直径 2.125、高度 3.5、拔模角 0°,单击"确定"按钮;选择"点对点"定位方式,选择"XC-YC"基准面,选择"点对点"定位方式,选择"XC-ZC"基准面,结果如图 2.38 所示。

3)创建圆台 2

执行"插入"→"设计特征"→"凸台"命令,选择圆台 1 顶面为放置面;特征参数分别为直径 2.125,高度 1.625,拔模角 $\arctan\dfrac{(2.125-1.25)/2}{1.625}$,单击"确定"按钮;选择"点对点"定位方式,选择圆台 1 右圆边线,单击"圆心",结果如图 2.38 所示。

4)创建圆台 3

执行"插入"→"设计特征"→"凸台"命令,选择圆台顶面为放置面;特征参数分别为直径 1.25、高度 2、拔模角 0°,单击"确定"按钮;选择"点对点"定位方式,选择圆台 2 右圆边线,单击"圆心",结果如图 2.38 所示。

(3)建立两侧面特征模型

1)侧面 1

执行"插入"→"裁剪"→"修剪体"命令,选择球体表面,单击"确定"按钮;选择"定义平面",选择 YC 常数,输入数值 -0.781,单击"默认方向反向"。

2)侧面 2

执行"插入"→"裁剪"→"修剪体"命令,选择球体表面,选择"定义平面",选择 YC 常数,输入数值 0.781,单击"接受方向反向",结果如图 2.39 所示。

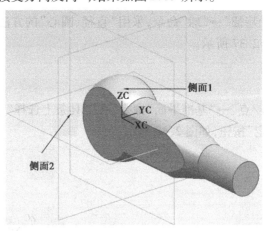

图 2.39　建立两侧面特征模型

(4)创建两基准平面

1)创建基准面

执行"插入"→"基准/点"→"基准平面"命令,选择圆台外圆表面,建立过圆台轴线的水平基准面。

2)创建基准面 1

执行"插入"→"基准/点"→"基准平面"命令,选择"水平基准面",输入偏置距离为

-0.625,单击"确定"按钮,结果如图 2.40 所示。

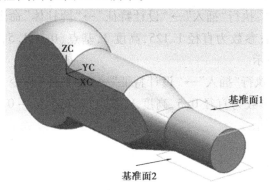

图 2.40　创建两基准平面

3)创建基准面 2

执行"插入"→"基准/点"→"基准平面"命令,选择"水平基准面",输入偏置距离为 0.625,单击"确定"按钮 ,结果如图 2.40 所示。

(5)建立端部两个缺口

1)建立腔体 1

执行"插入"→"设计特征"→"腔体"命令,选择直角坐标方式,选择基准面 1 为放置面,设置特征方向为 -ZX,选择"XC-ZC"基准面;尺寸参数为长 1,宽 1.25,高 0.344,单击"确定"按钮;选择"平行距离"定位方式,选择"YC-ZC"基准面,选择腔体竖直中心线,输入距离为 6.625,单击"确定"按钮;选择"直线至直线"定位方式,选择"XC-ZC"基准面,选择腔体水平中心线,单击"取消"按钮,如图 2.41 腔体 1 所示。

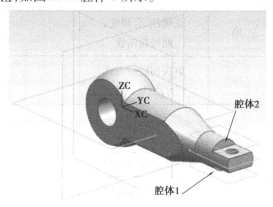

图 2.41　腔体和孔的创建

2)建立腔体 2

执行"插入"→"设计特征"→"腔体"命令,选择直角坐标方式,选择基准面 2 为放置面,设置特征方向为 ZX,选择"XC-ZC"基准面;尺寸参数为长 1,宽 1.25,高 0.344,单击"确定"按钮;选择"平行距离"定位方式,选择"YC-ZC"基准面,选择腔体竖直中心线,输入距离为 6.625,单击"确定"按钮;选择"直线至直线"定位方式,选择"XC-ZC"基准面,选择腔体水平中心线,单击"取消"按钮,如图 2.41 腔体 2 所示。

3)建立 $\phi0.5$ 和 $\phi1.125$ 两孔

建立 $\phi1.125$ 圆柱体:执行"插入"→"设计特征"→"圆柱体"命令,采用"直径、高度"的方法,矢量方向为 YC 轴;参数为直径 1.125,高度 3,基点(0,-1.5,0)。执行布尔差(Subtract)运算,如图 2.41 所示。

建立 $\phi0.5$ 圆柱体:执行"插入"→"设计特征"→"圆柱体"命令,采用"直径、高度"的方法,矢量方向为 ZC 轴;参数为直径 0.5,高度 1,基点(6.625,0,-0.5)。执行布尔差(Subtract)运算,如图 2.41 所示。

【任务评价】

表 2.3　任务实施过程考核评价表

学生姓名			组名		班级		
组员姓名							
考评项目		分值	要求		学生自评	小组互评	教师评定
知识准备	识图能力	5	正确性				
	菜单命令	10	正确率、熟练程度				
任务实施	建模思路	10	合理性				
	最佳建模方案	15	正确、合理、全面				
	产品建模	30	正确性、合理性、路径简洁性				
	所遇问题与解决	10	解决问题的方式方法、成功率				
	任务实施过程记录	5	详细性				
文明上机		5	卫生情况与纪律				
团队合作、成果展示		10	团队成员相互协作和积极性				
成绩评定		100					
心得体会							

续表

巩固练习	1. 思考题。 （1）列举成型特征的定位方式。 （2）简述矩形凸垫创建的一般过程。 （3）简述腔体创建的一般过程。 2. 利用成型特征建模方法完成如图所示 U 形底座的三维实体造型。 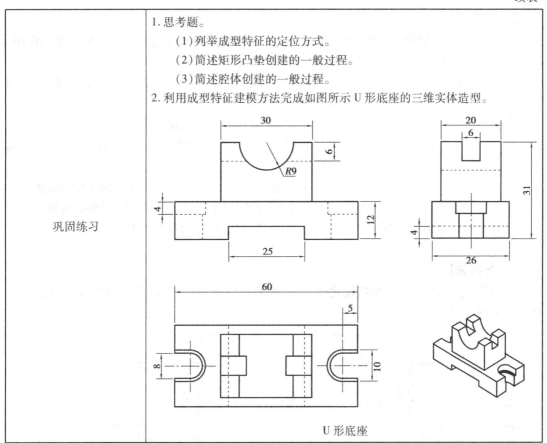 <div align="center">U 形底座</div>

任务2.4　台阶轴的成型特征建模

【任务提出】

本任务介绍台阶轴上的退刀槽和孔的创建,使用小细节成型(槽和键的成型)。

【任务目标】

①掌握槽和键槽的类型。

②掌握槽和键槽的创建方法。

③掌握槽和键槽创建的定位方法。

【任务分析】

对于台阶轴的创建,外形采用添加材料的成型方法,内心使用去除材料的成型方法,最后采用小细节成型方法。

【知识准备】

在机械设计中,键槽主要用于轴、齿轮、带轮等实体上,起到周边定位及传递扭矩的作用。所有键槽的深度值都按垂直于水平面放置的方向测量。

图 2.42 "键槽"对话框

单击"特征"工具条上"键槽"命令按钮,弹出如图2.42所示对话框。

①矩形槽:沿着底边创建有锐边键槽。

②球形端槽:创建保留有完整半径的底部和拐角键槽。

③U 形槽:创建有整圆的拐角和底部半径的键槽。

④T 形键槽:创建一个横截面是倒 T 形的键槽。

⑤燕尾槽:创建燕尾槽型的键槽。

【任务实施】

利用模型去除材料的成型特征建模方法(槽和键槽成型)完成如图2.43所示台阶轴的三维实体建模。

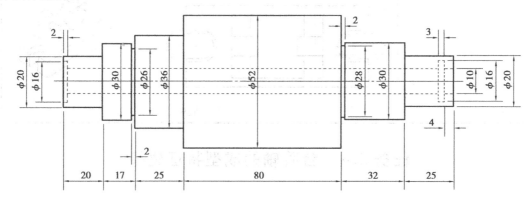

图 2.43 台阶轴

(1)建立圆柱体

执行"插入"→"设计特征"→"圆柱体"命令,采用直径、高度的方法,矢量方向为 XC 轴;参数为直径52,高度80,基点为坐标系原点,结果如图2.44所示。

图2.44 圆柱体

图2.45 添加圆台特征1

（2）添加圆台特征1

执行"插入"→"设计特征"→"凸台"命令，选择圆柱体顶面为放置面；特征参数分别为直径30，高度32，拔模角为0°；单击"应用"按钮；选择"点到点"定位方法，选择圆柱体顶圆边线，单击"圆心"，结果如图2.45所示。

（3）添加圆台特征2

执行"插入"→"设计特征"→"凸台"命令，选择圆台顶面为放置面，特征参数分别为直径20，高度25，拔模角为0°，单击"确定"按钮；选用"点到点"定位方法，选择圆台一顶圆边线，单击"圆心"，结果如图2.46所示。

（4）添加 $\phi36 \times 25$，$\phi30 \times 17$ 和 $\phi20 \times 20$ 等3个圆台

具体操作方法同上（略），结果如图2.47所示。

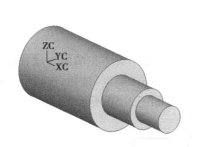

图2.46 添加圆台特征2

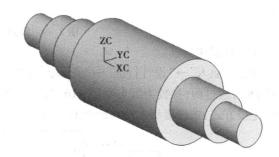

图2.47 添加三个圆台特征

（5）添加 $\phi28 \times 2$ 和 $\phi26 \times 2$ 沟槽

1）添加 $\phi28 \times 2$ 沟槽

执行"插入"→"设计特征"→"槽"命令，选择槽的类型为"矩形"；选择 $\phi30$ 圆柱面为放置面，输入沟槽特征参数分别为直径 $\phi28$，宽度2，单击"确定"按钮；选择 $\phi52$ 圆柱体顶圆边线为"目标边"，选择沟槽左端面外圆边线为"刀具边"；输入定位值0，单击"确定"按钮，结果如图2.48所示。

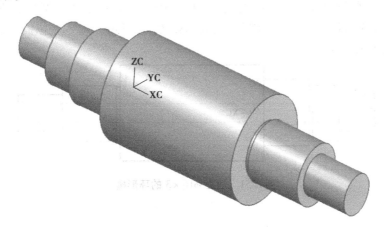

图2.48 添加 $\phi28 \times 2$ 沟槽

2)添加 $\phi26 \times 2$ 槽

执行"插入"→"设计特征"→"槽"命令,选择槽的类型为"矩形",选择 $\phi30$ 圆柱面为放置面;输入沟槽特征参数分别为直径 $\phi26$,宽度 2,单击"确定"按钮;选择 $\phi36$ 圆柱体顶面边线为"目标边",选择沟槽右端面外圆边线为"刀具边";输入定位值 0,单击"确定"按钮,结果如图 2.49 所示。

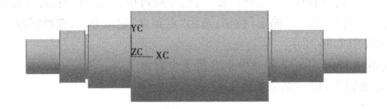

图 2.49　添加 $\phi26 \times 2$ 槽

(6)创建中心孔

执行"插入"→"设计特征"→"孔"命令,选择"沉头孔"类型,选择实体左端面为放置面,右端面为通过面;参数为沉头直径 $\phi16$,沉头深度 2,孔直径 $\phi10$,单击"确定"按钮,选择"点对点"定位方式,选择模型左端 $\phi20$ 圆柱体外圆边线,单击"圆心",如图 2.50 所示。

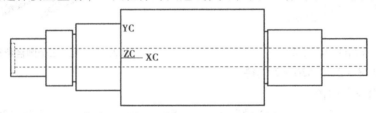

图 2.50　创建中心孔

(7)用建立 $\phi16 \times 3$ 的环形槽

执行"插入"→"设计特征"→"槽"命令,选择槽的类型为"矩形",选择通孔内表面为放置面,输入槽特征参数分别为直径 $\phi16$,宽度 3,单击"确定"命令;选择模型右端 $\phi20$ 圆柱体的右端面圆弧边线为"目标边",选择沟槽右端面圆弧为"刀具边",输入定位值参数 4,单击"确定"按钮,如图 2.51 所示。

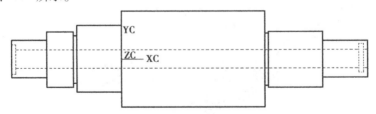

图 2.51　建立 $\phi16 \times 3$ 的环形槽

【任务评价】

表2.4 任务实施过程考核评价表

学生姓名		组名		班级		
组员姓名						
考评项目		分值	要求	学生自评	小组互评	教师评定
知识准备	识图能力	5	正确性			
	菜单命令	10	正确率、熟练程度			
任务实施	建模思路	10	合理性			
	最佳建模方案	15	正确、合理、全面			
	产品建模	30	正确性、合理性、路径简洁性			
	所遇问题与解决	10	解决问题的方式方法、成功率			
	任务实施过程记录	5	详细性			
文明上机		5	卫生情况与纪律			
团队合作、成果展示		10	团队成员相互协作和积极性			
成绩评定		100				
心得体会						

续表

巩固练习	1.思考题。 （1）列举裁剪面的创建方法。 （2）简述沟槽特征的分类。 （2）简述沟槽创建的一般过程。 2.利用模型的成型特征建模方法完成如图所示台阶轴三维实体造型。 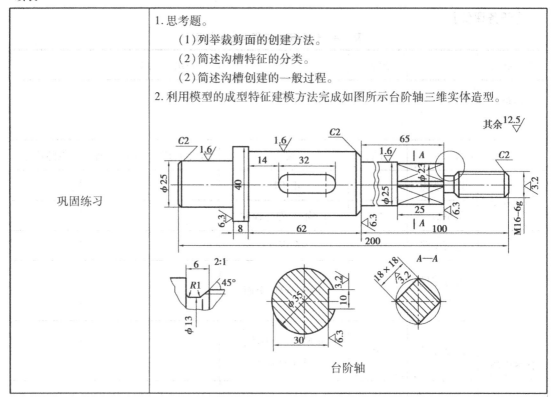 台阶轴

项目 3　基准特征和扫掠体建模——
铸造相贯体、T 形支架、锥套连接件、杯子

【项目描述】
①铸造相贯体基准特征建模。
②T 形支架拉伸成型。
③锥套连接件旋转成型。
④杯子扫掠体建模。

【项目目标】
①熟练掌握多种基准面的创建。
②掌握基准特征建模。
③掌握扫掠体建模。

【能力目标】
①能熟练使用基准特征建模完成中等复杂零件的三维实体建模。
②能熟练使用扫掠体建模完成中等零件的三维实体建模。

任务 3.1　铸造相贯体建模

【任务提出】
在实体建模过程中,对于一些回转体的复杂轮廓,如采用传统的建模方法,基准的选择存在问题,这时如果采用基准特征建模,非常方便也很快捷。

【任务目标】
①了解基准特征及其作用;
②掌握图层的设置方法;
③掌握基准面、基准轴的建立方法;
④掌握在基准特征上添加材料或去除材料的方法。

【任务分析】
基准特征是用于建立其他特征的辅助特征;固定基准不具有相关性,一般不推荐使用固定基准;建立基准面时,最多使用 3 个约束;在基准面上建立圆台特征的方向可使用反向侧。

【知识准备】
基准特征在特征工具条中,如图 3.1 所示。

图 3.1　基准特征

图 3.2　基准轴

3.1.1　基准轴

如图 3.2 所示,通过"基准轴"命令可定义一线性参考,以帮助用户建立其他对象,如基准平面、旋转特征和圆形阵列等。

基准轴在 UG NX 中作为特征存在,每个基准轴在"部件导航器"中都会有一个节点。

3.1.2　基准面

图 3.3　基准平面

如图 3.3 所示,通过"基准面"命令可以建立一平面的参考特征,以帮助定义其他特征。基准平面与平面的创建方法基本相同,其区别主要在于创建的基准平面作为特征存在。每创建一个基准平面,在部件导航器中都会增加一个相应的节点。

3.1.3　基准坐标系

通过"基准坐标系"命令可以创建关联的坐标系,它包含一组参考对象,如图 3.4 所示。可以利用参考对象来关联地定义下游特征的位置与方向。

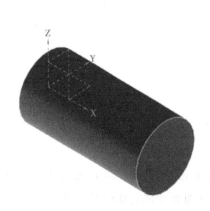

图 3.4　基准坐标系

图 3.5　编辑基准坐标系的比例因子

一个基准坐标系包括下列参考对象:
①整个基准 CSYS;

②三个基准平面；

③三个基准轴；

④原点。

基准坐标系的显示尺寸可以更改。每个基准坐标系都可具有不同的显示尺寸。显示尺寸的大小由比例因子控制，1为基本尺寸。如果指定比例因子为2，则得到的基准坐标系将是正常大小的两倍，如图3.5所示。

3.1.4　基准面和轴创建的特点

基准面的创建可分为单约束和双约束两种类型。单约束很简单，关键是双约束的基准面的创建，可分为3种方式。

①与一个圆柱面相切的基准面：在创建时必须作辅助基准面。

②与两个圆柱面相切的基准面：在创建时选择两个圆柱面后，如果创建的基准面不符合要求，必须用对话框中的"另解"进行切换。

③与一面成一角度的基准面：先选择面，并且必须选择一条棱边并输入角度，再单击"确认"按钮。

基准轴创建时，选择起点决定了方向。

3.1.5　各种基准面的创建

创建如图3.6所示的4个基准面，也可以用任意圆柱来创建这四个基准面。

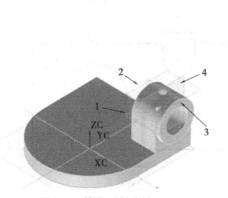

图3.6　基准面创建练习

图3.7　基准面对话框

①执行"插入"→"基准/点"→"基准平面"命令，在如图3.7所示的基准平面对话框里，"类型"选择"通过对象"，将鼠标放在圆柱的上表面，单击"应用"按钮，结果如图3.8所示。

②在基准平面对话框里，"类型"选择"相切"，相切子类型选择"与平面成一角度"。选择对象(1)：选择"圆柱的上表面"；选择平面对象(1)：选择"基准面1"，点击"备解项"，当基准面为基准面2时，单击"应用"按钮，如图3.9所示。

③继续在基准平面对话框里，类型选择"成一角度"，选择基准面1。通过轴的选择：将鼠标放在圆柱表面，当出现圆柱轴线时单击鼠标左键，输入角度90°，单击"应用"按钮，出现基准面3，如图3.10所示。

④继续在基准平面对话框里，类型选择"二等分"。第一平面选择如图3.11所示的1面，

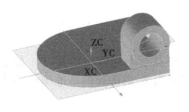

图 3.8　基准面 1

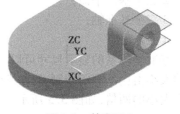

图 3.9　基准面 2

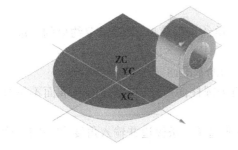

图 3.10　基准面 3

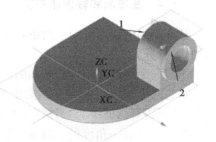

图 3.11　基准面 4 的创建

第二平面选择 2 面,单击"应用"按钮,出现基准面 4,结果如图 3.12 所示。

【任务实施】

借助辅助基准特征(基准面和基准轴),采用成型特征建模的方法完成如图 3.13 所示铸造相贯体实体模型的创建。

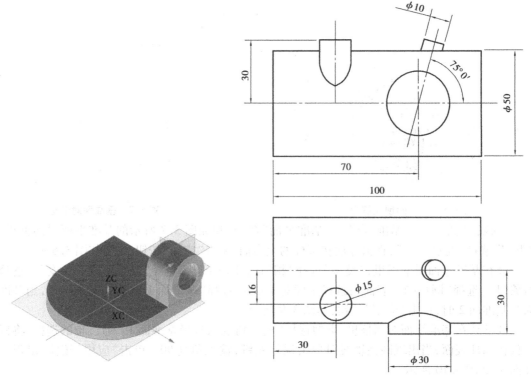

图 3.12　4 个基准面创建完成

图 3.13　铸造相贯体零件

（1）建立基本体素圆柱体

执行"插入"→"设计特征"→"圆柱体"命令，采用"直径、高度"的方法，矢量方向为 XC 轴，参数为直径50，高度100，基点为坐标原点，结果如图3.14所示。

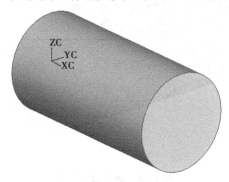

图3.14　圆柱体

（2）建立基准特征——基准面

1）设置工作层61

执行"格式"→"层"的设置，在层对话框中建立61工作层，单击"确定"按钮。

2）建立基准面1

执行"插入"→"基准/点"→"基准平面"命令，选择圆柱体中心轴线，单击"确定"按钮，结果如图3.15所示。

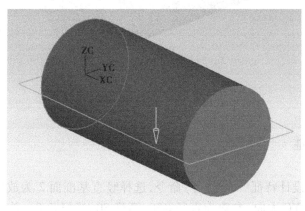

图3.15　建立基准面1

3）建立基准面2

执行"插入"→"基准/点"→"基准平面"命令，选择基准面1，选择圆柱中心轴线；输入角度参数90°，单击"确定"，结果如图3.16所示。

4）建立基准面3

执行"插入"→"基准/点"→"基准平面"命令，选择圆柱体左端面，单击"确定"按钮，结果如图3.17所示。

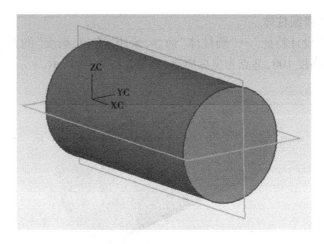

图 3.16　建立基准面 2

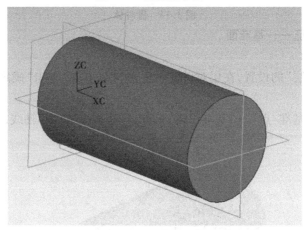

图 3.17　建立基准面 3

（3）创建圆台特征

1）建立圆台 1

执行"插入"→"设计特征"→"凸台"命令，选择竖直基准面 2 为放置面；采用"直径、高度"的方法，矢量为 - YC 方向；参数为直径 $\phi 30$，高度 30，拔模角 0°，单击"应用"按钮；选择"垂直的"定位方式，选择基准面 3，输入 70，单击"应用"按钮；选择"点到线"定位方式，选择基准面 1，单击"确定"，结果如图 3.18 所示。

2）建立圆台 2

执行"插入"→"设计特征"→"凸台"命令，选择基准面 1 为放置面，采用"直径、高度"的方法，矢量为 ZC 方向；参数为直径 $\phi 15$，高度 30，拔模角 0°，单击"确定"按钮；选择"垂直的"定位方式，选择基准面 3，输入 30，单击"应用"按钮；选择"垂直的"定位方式，选择基准面二，输入 16，单击"确定"按钮，结果如图 3.19 所示。

（4）建立基准特征

1）基准轴 1

执行"插入"→"基准/点"→"基准轴"命令，选择 $\phi 30 \times 30$ 圆台的中心轴线，单击"确定"

按钮,结果如图 3.20 所示。

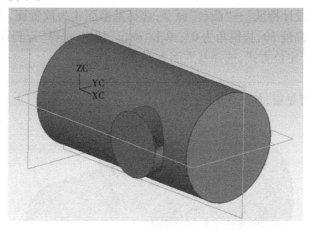

图 3.18   建立圆台 1

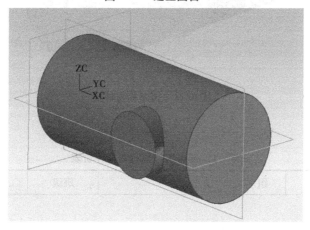

图 3.19   建立圆台 2

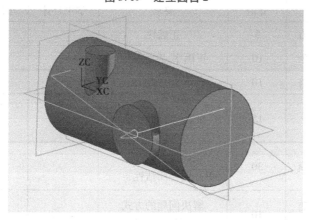

图 3.20   建立基准特征

2)基准面 4

执行"插入"→"基准/点"→"基准平面"命令,选择基准面 1,选择基准轴 1;输入参数角度 15°,单击"确定"按钮,结果如图 3.20 所示。

（5）添加 $\phi10\times30$ 圆台

执行"插入"→"设计特征"→"凸台"命令,选择基准面 4 为放置面,采用"直径、高度"方法,参数为直径 $\phi10$,高度 30,拔模角为 0°,单击"确定"按钮;选择"点到线"定位方式,选择基准轴 1;选择"点到线"定位方式,选择基准面 2,单击"确定"。

（6）设置图层

设置 61 层为不可见层,如图 3.21 所示。

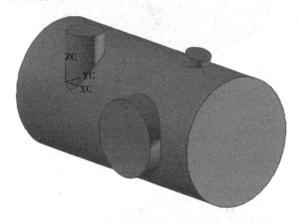

图 3.21 铸造相贯体

【任务评价】

表 3.1 任务实施过程考核评价表

学生姓名		组名		班级		
组员姓名						
考评项目		分值	要求	学生自评	小组互评	教师评定
知识准备	识图能力	5	正确性			
	菜单命令	10	正确率、熟练程度			
任务实施	建模思路	10	合理性			
	最佳建模方案	15	正确、合理、全面			
	产品建模	30	正确性、合理性、路径简洁性			
	所遇问题与解决	10	解决问题的方式方法、成功率			
	任务实施过程记录	5	详细性			

续表

考评项目	分值	要求	学生自评	小组互评	教师评定
文明上机	5	卫生情况与纪律			
团队合作、成果展示	10	团队成员相互协作和积极性			
成绩评定	100				
心得体会					
巩固练习	1.思考题。 　　(1)列举双约束基准平面的创建方式。 　　(2)列举基准轴的多种创建方式。 2.用基准特征建模设计如图所示复杂零件的实体模型。 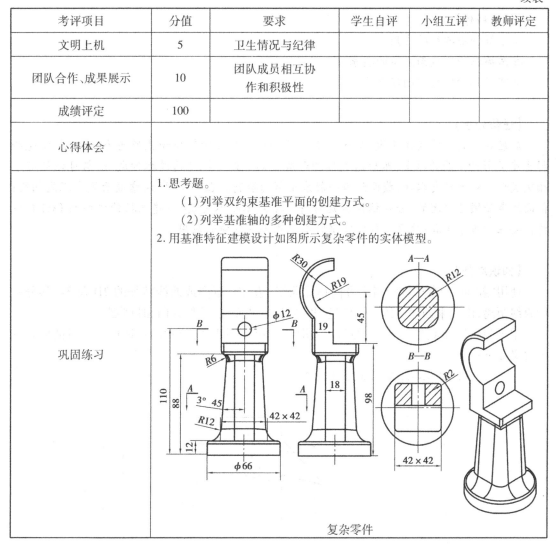 复杂零件				

任务 3.2　T 形支架建模

【任务提出】

扫描特征主要针对非解析结构建模,是截面线圈沿导引线或指定方向扫掠所形成的几何体。它包括拉伸扫掠(拉伸体)、回转扫掠(回转体)、沿导引线扫掠和管道扫掠 4 种,本任务主要学习拉伸扫掠。

在实体建模过程中,实体特征可以通过草图、曲线、边缘线等,沿一定的方向拉伸而成。零件 T 形支架的成型,特别是底座 T 形槽部分,先绘制底座 T 形槽截面的草图,然后通过拉伸而成,非常方便和快捷。拉伸成型也是实体建模中最常用和最简单的一种方法之一。扫掠体是把截面线串沿着用户指定的路径扫掠而得到的曲面。

【任务目标】

①了解扫描特征的应用。

②掌握拉伸体截面线串的要求。

③掌握拉伸体特征的建立方法。

【任务分析】

底座零件的三维实体建模,难点是 T 形槽部分。T 形槽部分和底座连为一体,所以先绘制底座 T 形槽截面的草图,然后通过拉伸形成。剩余部分也是通过拉伸成形,与母体的布尔相交成形。对于轴类零件,截面线串一般采用草图绘制。在造型时,注意截面线串不能相交;截面线串必须是封闭的,否则拉伸和旋转将产生片体而不是实体;建立拉伸体特征和旋转体特征要注意布尔运算;建立拉伸体特征时要注意偏置选项的应用。

【知识准备】

使用"拉伸"命令可以沿指定方向扫掠曲线、边、面、草图或曲线特征的 2D 及 3D 部分一段直线距离,由此来创建实体。拉伸过程需要指定截面线、拉伸方向和拉伸距离。

单击"特征"工具条上的"拉伸"命令图标,弹出如图 3.22 所示的对话框。该对话框各选项含义如下:

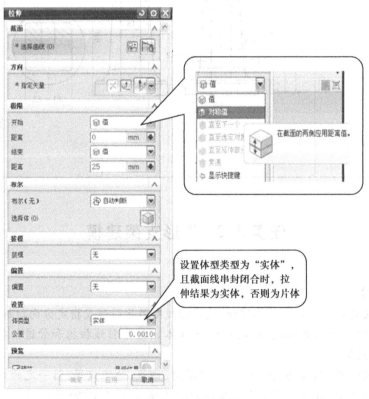

图 3.22　拉伸对话框

3.2.1　截面

(1)绘制截面

单击 图标,系统打开草图生成器,在其中创建一个处于特征内部的截面草图。在退出草图生成器时,草图被自动选作要拉伸的截面。

(2)选取曲线

单击 图标,选择曲线、草图或面边缘进行拉伸。系统默认选中该图形,在选择截面时,注意配合"选择意图工作条"使用。

3.2.2　方向

它指定要拉伸截面曲线的方向。默认的方向为选定截面曲线的方向,可以通过"矢量构造器" 和"自动判断"类型列表中的方法构造矢量。

单击 反向按钮,或直接在矢量方向箭头双击,可以改变拉伸方向。

3.2.3　限制

它定义拉伸特征的整体构造方法和拉伸范围。

①值:指定拉伸起始或结束的值。

②对称值:开始的限制距离与结束的限制距离相同。

③直至下一个:将拉伸体的特征沿路径延伸到下一个实体表面。

④直至选定对象:将拉伸特征延伸到选择面、基准平面和体。

⑤贯通:沿着指定方向超出被选择的对象时,将其拉伸到被选择的对象延伸位置为止。

3.2.4　布尔

在创建拉伸特征时,还可以与存在的实体进行布尔运算。

如果当前界面只存在一个实体,则在进行布尔运算时,自动选中实体;如果存在多个实体,则需要选择布尔运算实体。

3.2.5　拔模

拔模共有以下6种方式。

①无:不创建任何拔模。

②从起始限制:从拉伸开始的位置进行拔模,开始位置与截面形状一样。

③从截面:从截面开始位置进行拔模,截面形状保持不变,开始和结束位置进行变化。

④从截面-非对称角度:截面形状不变,起始和结束分别进行不同的拔模,两边拔模角度相同。

⑤从截面-对称角度:截面形状不变,起始和结束位置进行相同的拔模,两边拔模角度相同。

⑥从截面匹配的终止处:截面两端分别进行拔模,拔模角度不一样,起始段和结束短的角度相同。

3.2.6 偏置

它用于设置拉伸对象在垂直与拉伸方向上的延伸,共有 4 种方式。

①无:不创建任何偏置。

②单侧:向拉伸添加单侧偏置。

③双侧:向拉伸添加起始和结束的偏置。

④对称:向拉伸添加完全相等的起始和终止(从截面相对的两侧测量)的偏置。

3.2.7 设置

它用于设置拉伸特征为片体或实体。要获得实体,截面曲线必须为封闭曲线或带有偏置的非闭合曲线。

【任务实施】

用拉伸的命令创建如图 3.23 所示 T 形支架的实体模型。

(1)绘制零件的截面线串

1)创建工作层为 21

执行"格式"→"层"命令,在层对话框中建立 21 层,选择 21 层为当前层。

2)进入草图绘制

执行"插入"→"草图"命令,设置平面方法为"创建平面",指定草图平面为 XC-ZC 平面,单击"确定"按钮,结果如图 3.24 所示。

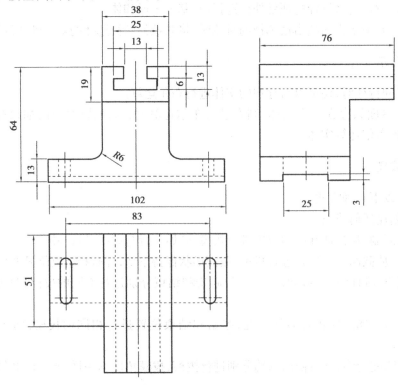

图 3.23　T 形支架

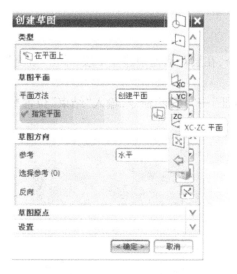

图 3.24　草图平面的创建

3）绘制草图

粗略绘制草图,添加草图的几何约束、尺寸约束,完成草图绘制。

4）设置图层

执行"格式"→"移至层"命令,选择基准面和基准轴,单击"确定"按钮,在目标层或层组中输入"61 层",再单击"确定"按钮,结果如图 3.25 所示。

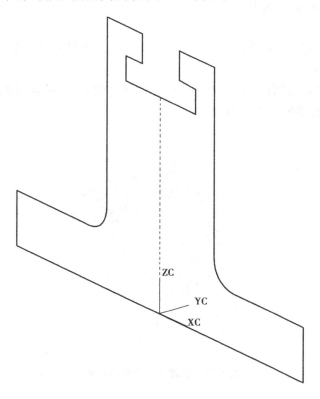

图 3.25　零件截面线的绘制

（2）建立拉伸体特征

1）设置工作层为 1

执行"格式"→"层"命令，在层对话框中建立 1 层，单击"确定"按钮。

2）创建拉伸体特征

执行"插入"→"设计特征"→"拉伸"命令，输入"结束"位置参数 76，单击"确定"按钮，结果如图 3.26 所示。

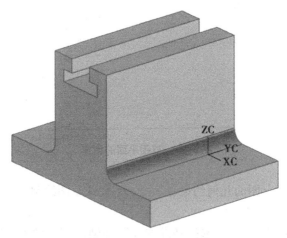

图 3.26　拉伸体

（3）绘制零件另一截面线串

1）创建工作层 22

执行"格式"→"层"命令，在层对话框中建立 22 层，选择 22 层为当前层。

2）进入草图绘制

执行"插入"→"草图"命令，设置草图平面为实体左侧面，设置草图坐标轴方向为 YC 方向，单击"确定"按钮，结果如图 3.27 所示。

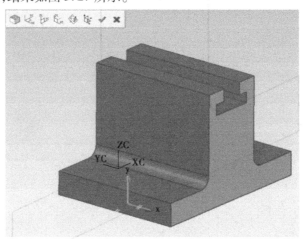

图 3.27　创建第二个草图平面

（4）绘制草图

粗略绘制截面线串，添加草图的几何约束、尺寸约束，完成草图绘制，结果如图 3.28 所示。

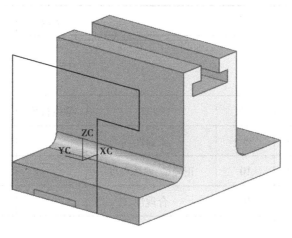

图 3.28　创建第二个草图的截面线

（5）建立拉伸体特征

执行"插入"→"设计特征"→"拉伸"命令，输入"结束"位置参数 – 102，单击"确定"按钮，执行布尔相交运算，结果如图 3.29 所示。

（6）设置图层

执行"格式"→"层"命令，建立 1 工作层，选择 21、22、61 为不可见层，单击"确定"按钮。

其他特征的建立过程略。

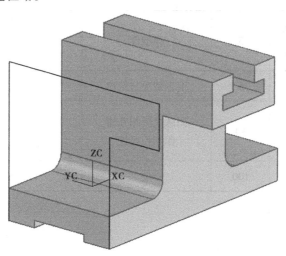

图 3.29　两个拉伸体执行布尔相交

【任务评价】

表 3.2　任务实施过程考核评价表

学生姓名		组名			班级	
组员姓名						
考评项目		分值	要求	学生自评	小组互评	教师评定
知识准备	识图能力	5	正确性			
	菜单命令	10	正确率、熟练程度			
任务实施	建模思路	10	合理性			
	最佳建方案	15	正确、合理、全面			
	产品建模	30	正确性、合理性、路径简洁性			
	所遇问题与解决	10	解决问题的方式方法、成功率			
	任务实施过程记录	5	详细性			
文明上机		5	卫生情况与纪律			
团队合作、成果展示		10	团队成员相互协作和积极性			
成绩评定		100				
心得体会						

续表

巩固练习	1.思考题。 　　(1)简述绘制零件截面线串的过程。 　　(2)简述建立拉伸体的过程。 2.用拉伸命令创建如图所示零件的实体模型。 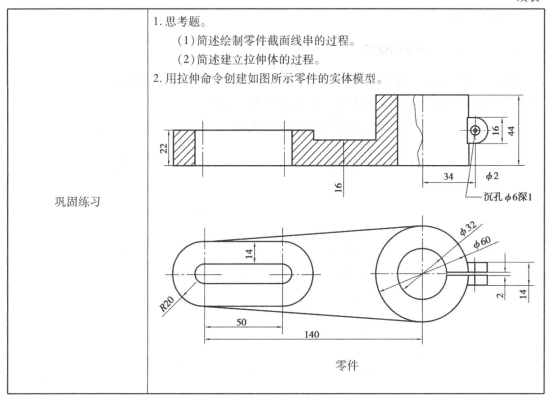 零件

任务 3.3　锥套连接件建模

【任务提出】

对于回转性零件,如轴、套、盘等,其形体特征为某一图像绕着固定轴旋转而得。因此,这类零件成型方法一般采用标准特征中的回转体成型。

【任务目标】

①掌握回转截面线串的绘制方法及要求。
②掌握回转体特征的建模方法。

【任务分析】

锥套链接件属于回转类零件,既有外部形状又有内部形状,以轴为分界线,将有材料的部分作为截面线串旋转360°而成。

【知识准备】

3.3.1 "回转"命令的使用

使用"回转"命令可以使截面曲线绕指定轴转一个非零角度,以此创建一个特征。单击"特征"工具条上的"回转"命令图标,弹出如图 3.30 所示对话框。

图 3.30　回转对话框

3.3.2 截面

截面曲线可以是基本曲线、草图、实体或者片体的边,并且可以封闭也可以不封闭。界面的曲线必须在旋转轴的一边。

3.3.3 轴

①指定矢量:指定旋转轴。系统提供两类旋转轴的方式,即"矢量构造器" 和"自动判断"。
②指定点:指定旋转中心点。系统提供了两类制定中心点,即"点构造器" 和"自动判断"。

3.3.4 限制

它用于设定旋转起始角度和结束角度,有两种方法。
①值:通过指定旋转对象相对于旋转轴的起始角度和终止角度来生成实体,在其后的文

本框输入数值即可。

②选定对象:通过指定对象来确定旋转的起始角度或结束角度、所创建的实体绕旋转轴接与选定对象。

3.3.5　偏置

它用于设置旋转在垂直于旋转方向的延伸。

①无:不向回转截面添加任何偏置。

②两侧:向回转截面的两侧添加偏置。

3.3.6　设置

在体类型设置为实体的前提下,在下列情况下将生成实体:封闭轮廓;不封闭轮廓,旋转360°;不封闭轮廓,任意角度的偏置和增厚。

【任务实施】

建立如图 3.31 所示锥套连接件的实体模型。

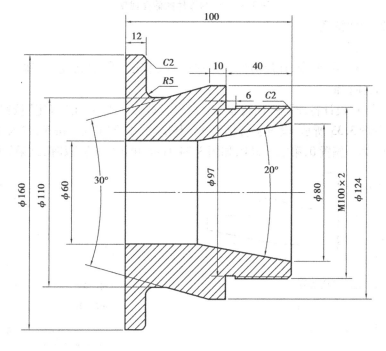

图 3.31　零件

(1)绘制零件的截面线串

1)创建工作层为 21

执行"格式"→"层"命令,在层对话框中建立 21 工作层,选择 21 层为当前层,单击"确定"按钮。

2)进入草图绘制

执行"插入"→"草图"命令,设置平面方法为"创建平面",指定草图平面为 XC-ZC 平面,单击"确定",创建草图特征。

粗略绘制截面线串,添加草图的几何约束、尺寸约束,完成草图绘制,结果如图 3.32 所示。

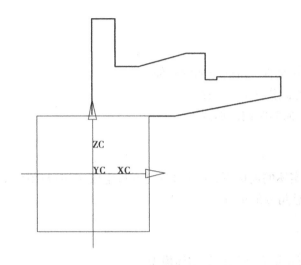

图 3.32　绘制零件的截面线串

(2)建立回转体特征

1)设置工作层1

执行"格式"→"层"命令,在层对话框中建立 1 工作层,单击"确定"按钮。

2)创建回转体特征

执行"插入"→"设计特征"→"回转体"命令,选择截面线串,单击"确定"按钮;选择回转体方式:轴和角,如图 3.33 所示,设置旋转轴为 XC 基准轴,单击"确定"按钮;输入参数为起始角 0°,终止角 360°,第一偏置 0,第二偏置 0,如图 3.34 所示,单击"确定"按钮,结果如图 3.35 所示。

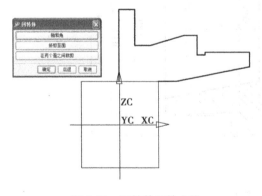

图 3.33　回转体回转方法

图 3.34　回转体角度设置

(3)细化模型

1)图层设置

执行"格式"→"移至层"命令,选择基准面和基准轴,单击"确定"按钮,在目标层或层组中输入"61 层",再单击"确定"按钮。

执行"格式"→"层"命令,建立 1 工作层,选择 21、61 为不可见层,单击"确定"按钮,结果如图 3.36 所示。

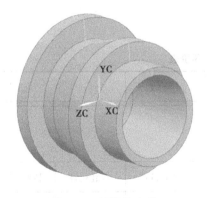

图 3.35　回转体生成

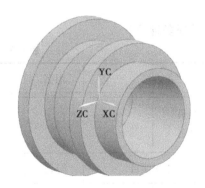

图 3.36　设置回转体图层

2）倒圆角

执行"插入"→"细节特征"→"边倒圆"命令,选择倒圆角的棱边;输入参数圆角半径 $R5$,单击"确定"按钮,结果如图 3.37 所示。

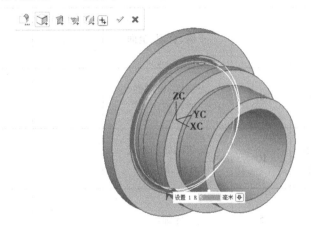

图 3.37　回转体细节特征建模

3）倒角

执行"插入"→"细节特征"→"倒角"命令,选择单个偏置,如图 3.38 所示,单击"确定"按钮;选择建立倒角的棱边,单击"确定"按钮;输入偏置值2,单击"确定"按钮;再单击"取消"按钮,结束倒角命令,结果如图 3.39 所示。

图 3.38　倒角菜单

图 3.39　锥套链接件

【任务评价】

表 3.3 任务实施过程考核评价表

学生姓名		组名		班级	
组员姓名					
考评项目		分值	要求	学生自评	小组互评	教师评定
知识准备	识图能力	5	正确性			
	菜单命令	10	正确率、熟练程度			
任务实施	建模思路	10	合理性			
	最佳建模方案	15	正确、合理、全面			
	产品建模	30	正确性、合理性、路径简洁性			
	所遇问题与解决	10	解决问题的方式方法、成功率			
	任务实施过程记录	5	详细性			
文明上机		5	卫生情况与纪律			
团队合作、成果展示		10	团队成员相互协作和积极性			
成绩评定		100				
心得体会						

巩固练习	1.思考题。 （1）简述回转截面线串的绘制方法及要求。 （2）简述回转体特征的建模方法。 2.创建如图所示凸凹模的实体模型。 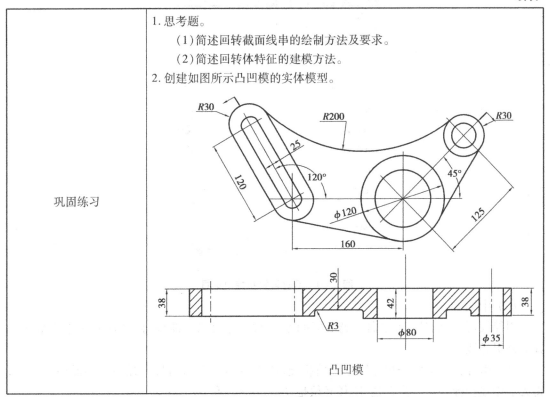 凸凹模

任务 3.4　杯子实体建模

【任务提出】

杯子把手的创建:需要截面线沿着导线扫掠而成。

【任务目标】

①掌握扫掠体的创建步骤。

②掌握扫掠体截面线、引导线创建的要点。

【任务分析】

杯身使用基本体素特征建模、拉伸特征创建和布尔运算,把手采用扫掠体特征建模。

【知识准备】

（1）引导线扫掠

单击"扫掠"工具条上"沿引导线扫掠"图标,出现如图 3.40 所示对话框。该命令是把截面线沿着用户指定的路径扫掠获得的实体或片体。

图 3.40 沿引导线扫掠对话框

（2）引导线

引导线可以是实体面、实体边缘，也可以是曲线，还可以是曲线链。UG 允许用户最多选择 3 条引导线。

如果引导路径上两条相邻线以锐角相交，或引导路径上的圆弧半径对于界面而言太小，将无法创建扫掠特征。换言之，路径必须是光滑、切向连续的。

（3）截面线

截面线作为扫掠轮廓曲线，最多可以选择 150 条。

在实体类型设置为实体的前提下，满足以下情况之一将生成实体：导线闭合，截面线不闭合；截面线闭合，引导线不闭合；界面进行偏置。

【任务实施】

用扫掠体命令创建如图 3.41 所示杯子的实体模型。

（1）创建圆锥体

执行"插入"→"设计特征"→"圆锥"命令，在"圆锥"对话框里默认设置"轴"选项参数（即 Z 方向），按照如图 3.42 所示来设置"尺寸"选项组中的参数，单击"确定"按钮，创建的圆锥体如图 3.43 所示。

（2）创建拉伸体

①执行"插入"→"草图"命令，设置平面方法选"现有平面"，在绘图区选择圆锥体的底面，草图原点选择圆锥体的圆心，如图 3.44 所示，单击"确定"按钮。

②在"草图工具"工具条中单击"矩形"按钮，在出现的"矩形"对话框中，选择"绘制矩形"的方法，以坐标系的原点为矩形的中心，设置矩形的"宽度"和"高度"均为 50，如图 3.45 所示，绘制的矩形如图 3.46 所示。单击"草图工具"工具条中的"完成草图"按钮，退出草图绘制环境。

③执行"插入"→"设计特征"→"拉伸"命令，弹出拉伸对话框，按照如图 3.47 所示的数据来设置各选项组中的参数。如果拉伸方向与 Z 轴正向相反，则单击"反向"按钮，单击"确

定"按钮,结果如图 3.48 所示。

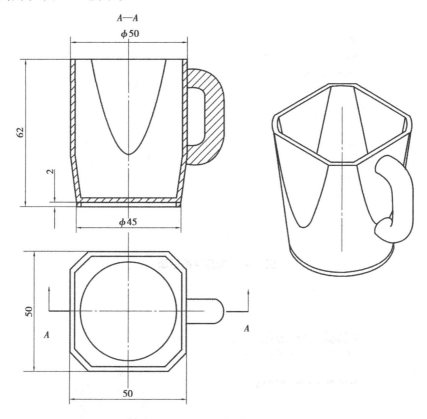

图 3.41　杯子

图 3.42　设置圆锥对话框

图 3.43　创建的圆锥体

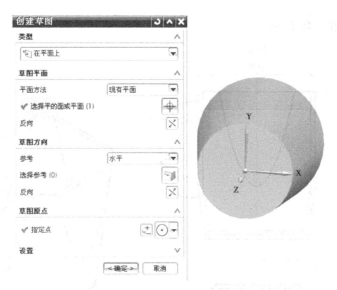

图 3.44　选择草图平面

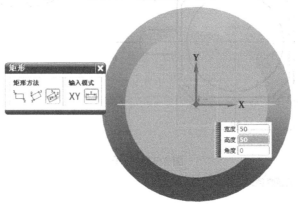

图 3.45　绘制矩形的方法

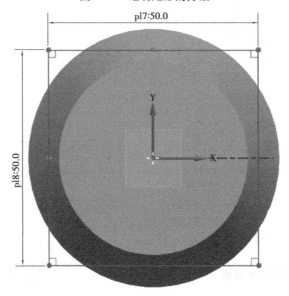

图 3.46　绘制的矩形

图 3.47　设置"拉伸"对话框参数

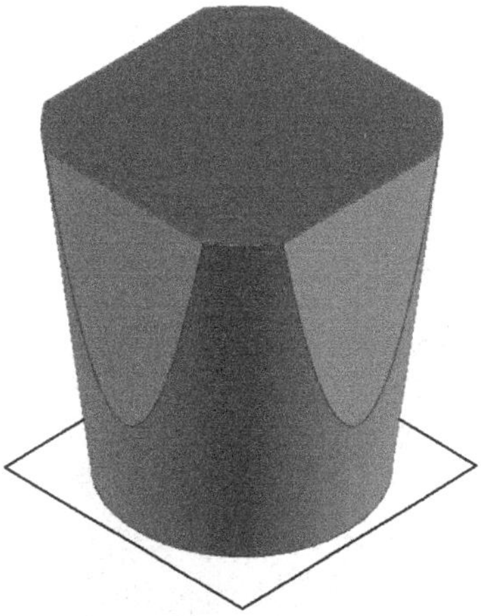

图 3.48　拉伸后的结果

（3）扫掠

①执行"格式"→"WCS"→"原点"命令，打开"点"对话框，在坐标选项组的参考下拉列表框中选择"WCS"选项；在 XC 中输入坐标"25"，在 ZC 中输入坐标"52"，其他设置如图 3.49 所示，再单击"确定"按钮，创建的 CSYS 如图 3.50 所示。

②执行"插入"→"草图"菜单命令，打开"草图"对话框，在绘图区选择与圆锥体侧面平行的基准面 YC-ZC，如图 3.50 所示。单击"确定"按钮，进入草绘环境。

③单击"草图工具"工具条中的"椭圆"按钮，以坐标原点为中心，绘制长半轴为 4、短半轴为 2 的椭圆，如图 3.51 所示。单击"完成草图"按钮，退出草图绘制环境。

④执行"插入"→"草图"菜单命令，打开"草图"对话框，在绘图区选择与椭圆所在平面垂直且与拉伸体拉伸方向 XC-ZC，如图 3.52 所示。单击"确定"按钮，进入草图绘制环境。

⑤单击"草图工具"工具条中的"轮廓"按钮，以坐标系原点为起点，绘制如图 3.53 所示的曲线轮廓，并创建约束和标准尺寸（可自行设计曲线轮廓），如图 3.53 所示。单击"完成草图"按钮，退出草图绘制环境，如图 3.54 所示。

图 3.49 设置"点"对话框参数

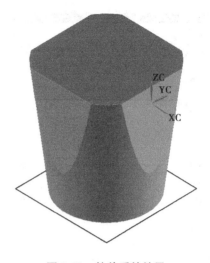

图 3.50 拉伸后的结果

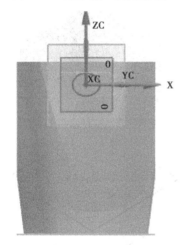

图 3.51 绘制椭圆

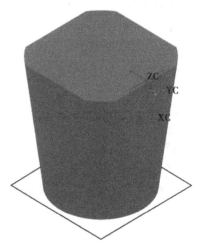

图 3.52 选择草图绘制平面

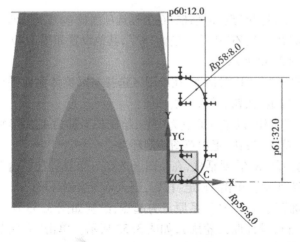

图 3.53 绘制的曲线轮廓参数

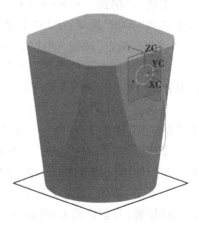

图 3.54 绘制的曲线轮廓

⑥执行"插入"→"扫掠"→"扫掠"命令,选择扫掠曲线椭圆,引导线选择把手曲线,其他设置如图3.55所示。单击"确定"按钮,创建的扫掠体如图3.56所示。

图3.55　设置扫掠对话框

图3.56　创建的扫掠体

（4）创建壳体

执行"插入"→"偏置/缩放"→"抽壳"命令,在"厚度"栏输入参数2,并选择要移除的表面,单击"确定"按钮,如图3.57所示。创建的壳体如图3.58所示。

（5）用拉伸对杯底进行处理

过程略,结果如图3.59所示。

（6）进行图层设置

将所有的草图移入41层,将所有的基准面移入61层,并使这两个层不可见,最后结果如图3.60所示。

图 3.57　抽壳对话框参数设置

图 3.58　创建的壳体

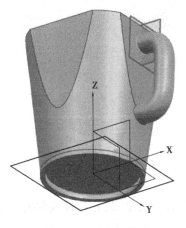

图 3.59　杯底的处理

图 3.60　创建完成的杯子

【任务评价】

表 3.4　任务实施过程考核评价表

学生姓名		组名			班级		
组员姓名							
考评项目		分值	要求	学生自评		小组互评	教师评定
知识准备	识图能力	5	正确性				
	菜单命令	10	正确率、熟练程度				
任务实施	建模思路	10	合理性				
	最佳建方案	15	正确、合理、全面				
	产品建模	30	正确性、合理性、路径简洁性				
	所遇问题与解决	10	解决问题的方式方法、成功率				
	任务实施过程记录	5	详细性				
文明上机		5	卫生情况与纪律				
团队合作、成果展示		10	团队成员相互协作和积极性				
成绩评定		100					
心得体会							

续表

巩固练习	1. 思考题。 　（1）简述扫掠体创建的步骤。 　（2）简述扫掠体截面线、引导线创建的要点。 2. 用扫掠体创建如图所示烟灰缸的实体模型。 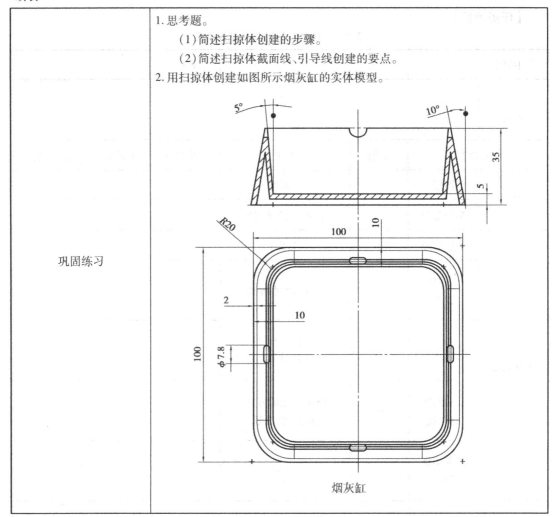 烟灰缸

项目4 复合建模——异形曲面、底座、Z形支架

【项目描述】

①异形曲面、底座相关操作建模。

②Z形支架复合建模。

【项目目标】

①掌握变半径倒圆角的步骤。

②掌握相关联复制的方法和步骤。

③掌握抽壳方法。

④掌握复合建模的方法。

【能力目标】

①在建模中熟练使用各种操作。

②针对不同的零件能综合应用所学知识进行复合建模。

任务4.1 异形曲面、底座建模

【任务提出】

在前3个项目中,都是进行实体建模。当实体模型建好后,需要修改时,就要用到特征操作和特征编辑。特征操作主要是一些细节特征,如边特征操作、面特征操作、复制修改特征操作等;而关联复制主要是对特征进行阵列或镜像等。

【任务目标】

①了解特征操作和关联复制的内容和功能。

②掌握边倒圆、面倒圆方法。

③掌握关联复制的使用方法。

④掌握变半径倒圆角的步骤和方法。

【任务分析】

完成异形件的造型过程,掌握变半径倒圆角的方法;通过样板零件掌握关联复制的应用。

【任务实施】

(1)变半径倒圆角

用变半径倒圆角创建如图4.1所示的异形件模型。

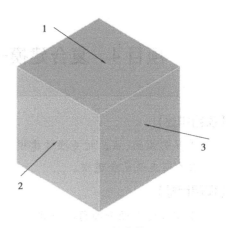

图4.1　异形件　　　　　　　　　　　　　　　　图4.2　长方体1

1)创建拉伸体

①执行"插入"→"设计特征"→"长方体"命令,设置长方体的长、宽、高分为100、100、100,其余参数采用默认值,单击"确定"按钮,长方体1如图4.2所示。

②执行"插入"→"设计特征"→"拉伸"命令,拉伸的曲线选择1面的四条边,拉伸的距离为100,布尔运算选择"无",单击"确定"按钮,长方体2如图4.3所示;再进行两次"拉伸"操作,拉伸的曲线则分别选择2、3面的四条边,其他参数不变,生成长方体3和长方体4,如图4.4、图4.5所示。

③对长方体1至4进行3次"布尔加"运算,这样4个长方体成为一个特征。

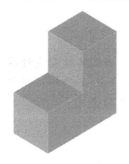

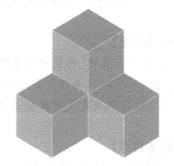

图4.3　长方体2　　　　　图4.4　长方体3　　　　　图4.5　长方体4

2)变半径倒圆角

执行"插入"→"细节特征"→"边倒圆"命令,按顺序选择长方体的6个边1、2、3、4、5、6,半径为6;选择可变半径点,将半径改为5,按顺序选择长方体6个边所对应的端点a、b、c、d、e、f,每个端点的半径都为5,如图4.6所示;将半径值改为40,继续按顺序选择长方体6个边所对应的中点g、h、i、j、k、l,也就是6个中点处的半径为40,如图4.7所示;最后将半径值改为5,选择m点,如图4.7所示。共选择了13个点,每个点的半径值在列表中可以看见,如图4.8所示。其余参数采用默认值,此时模型变为如图4.9所示,单击"确定"按钮,结果如图4.10所示。

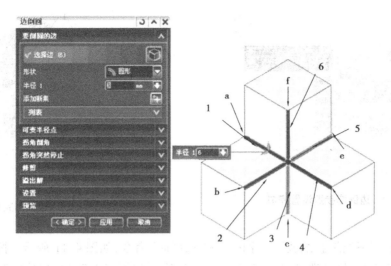

图4.6 边倒圆参数设置1

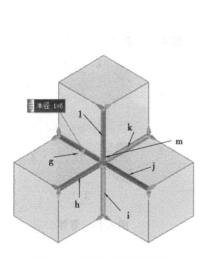

图4.7 边倒圆参数设置2

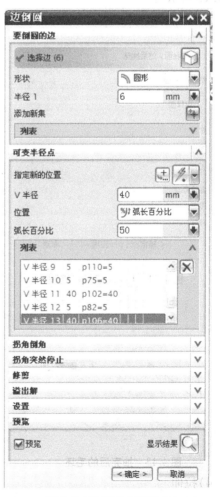

图4.8 边倒圆参数完成

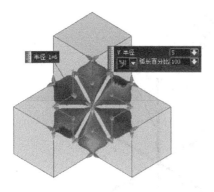

图 4.9 边倒圆参数设置完成

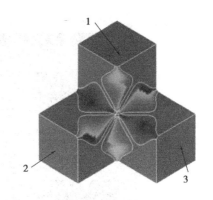

图 4.10 边倒圆完成

3)抽壳

执行"插入"→"偏置/缩放"→"抽壳"→"选择面"命令,如图 4.11 所示。按顺序选择图 4.10 上的 1、2、3 面,继续选择图 4.12 上的 4、5、6 面,设置厚度为 2,单击"确定"按钮,结果如图 4.13 所示。

图 4.11 UG 数控编程流程

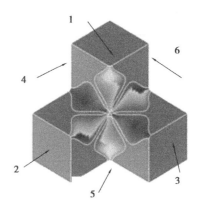

图 4.12 后面不可见的 3 个面

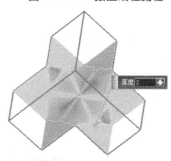

图 4.13 抽壳后的毛坯

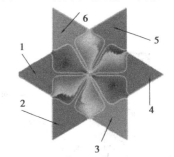

图 4.14 零件

4)拉伸

执行"插入"→"设计特征"→"拉伸"命令,"截面"改为选择曲线,选择如图 4.14 所示的 1 面上的四条曲线,四条曲线的选择如图 4.15 所示,"极限"的结束选为对称,距离为 50,"布尔"选择"求差",单击"确定"按钮,结果如图 4.16 所示。

　　分别对图 4.14 所示的 2、3、4、5、6 面做同样的拉伸操作 5 次,图 4.17 为 2 面的拉伸结果,图 4.18 为最终的结果。

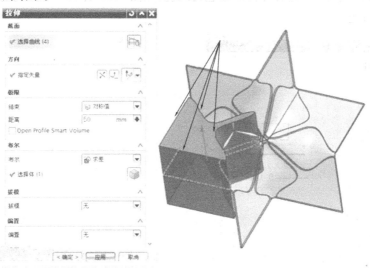

图 4.15　拉伸曲线的选择

图 4.16　1 面拉伸

图 4.17　2 面拉伸

图 4.18　异形曲面

图 4.19　类选择器

5)对零件的颜色进行编辑

执行"编辑"→"对象显示"命令,出现如图 4.19 所示的类选择器,选择零件,出现如图 4.20 所示的编辑对象显示;选择零件的颜色为红色,如图 4.21 所示,单击"确定"按钮,就将零件的颜色改为红色。

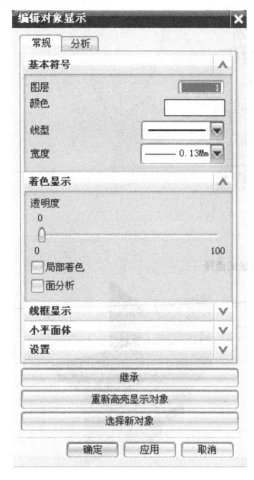

图 4.20　编辑对象显示　　　　　　图 4.21　选择对象的颜色

(2)关联复制

关联复制创建如图 4.22 所示零件的三维实体模型。

1)创建拉伸体

①执行"插入"→"草图"命令,在创建草图对话框中,设置草图平面为 XC-YC 平面,指定水平参考 X 方向,草图原点为坐标原点,如图 4.23 所示,单击"确定"按钮。

②单击鼠标右键,选择"定向视图到草图",使用草图工具绘制草图,如图 4.24 所示。在草图工具条中,单击"完成草图"按钮,退出草图环境,如图 4.25 所示。

③执行"插入"→"设计特征"→"拉伸"命令,选择图 4.25 的草图 1,沿着 Z 方向进行拉伸,拉伸距离输入"15",单击"确定"按钮,结果如图 4.26 所示。

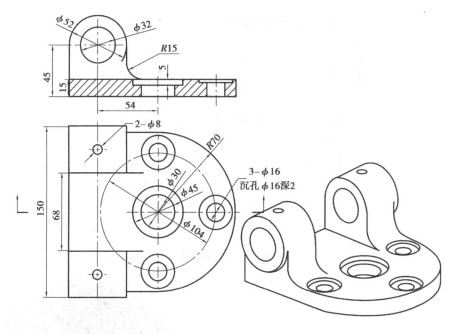

图 4.22　零件

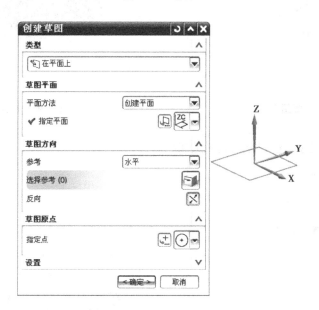

图 4.23　草图平面参数的确定

④执行"插入"→"草图"命令,在创建草图对话框里,设置草图平面为拉伸体的前表面,指定水平参考为如图所示 X 方向,草图原点为单击指定点,X 坐标输入 70,Y 坐标输入 54,单击"确定"按钮,结果如图 4.27 所示。

⑤单击鼠标右键,选择"定向视图到草图",使用草图工具绘制草图,如图 4.28 所示。在草图工具条中,单击"完成草图"按钮,退出草图环境,结果如图 4.29 所示。

⑥执行"插入"→"设计特征"→"拉伸"命令,选择如图 4.29 所示的草图 2,沿着 - X 方向进行拉伸,拉伸距离输入"36",单击"确定"按钮,结果如图 4.30 所示。

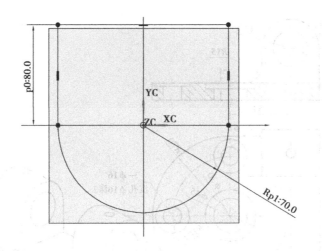

图 4.24　绘制草图

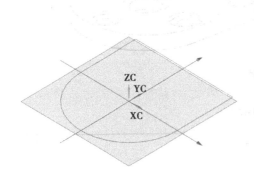

图 4.25　草图 1

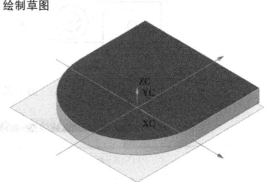

图 4.26　拉伸体 1

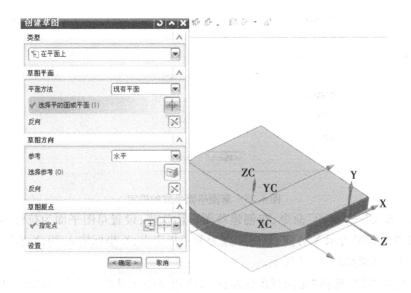

图 4.27　草图平面参数的确定

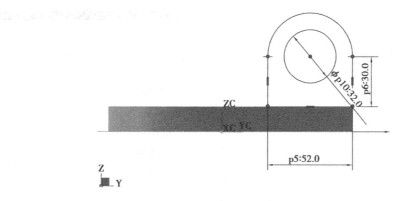

图 4.28 草图平面参数的确定

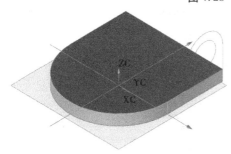

图 4.29 草图 2

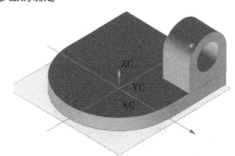

图 4.30 拉伸体 2

2）凸台和孔的创建

①执行"插入"→"设计特征"→"凸台"命令,在凸台对话框里输入直径为 52,高度为 10,锥角为 0,并选择凸台的放置面为拉伸体 2 的前面,单击"应用"按钮,选择定位方式为"点落在点上";选择拉伸体 2 上的孔的边线,再选择"圆心点",结果如图 4.31 所示。

②执行"插入"→"设计特征"→"孔"命令,在孔对话框里选择拉伸体 2 孔的中心,其余参数设置如图 4.32 所示,单击"应用"按钮,结果如图 4.33 所示。

3）辅助基准面的创建

执行"插入"→"基准/点"→"基准平面"命令,创建 2 个基准面(过程略),结果如图 4.34 所示。

4）圆柱面上孔的创建

①执行"插入"→"草图"命令,在创建草图对话框里设置草图平面为图 4.34 和圆柱相切的基准面,草图原点为默认,如图 4.35 所示。单击"确定"按钮,绘制 ϕ8 孔的草图如图 4.36 所示。

②执行"插入"→"设计特征"→"拉伸"命令,选择 ϕ8 的草图,设置拉伸方向向下,距离为 12,布尔运算求差,选择工具体,单击"确定"按钮,结果如图 4.37 所示。

5）镜像基准面的创建

执行"插入"→"基准/点"→"基准平面"命令,创建镜像基准面(过程略),结果如图 4.38 所示。

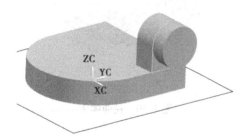

图 4.31　凸台

图 4.32　孔对话框参数设置

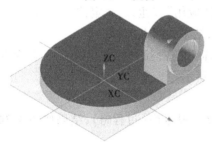

图 4.33　孔

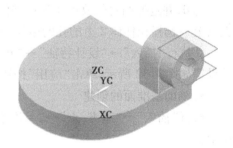

图 4.34　创建两个基准面完成

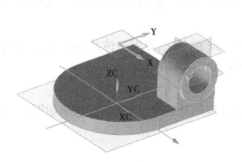

图 4.35　创建草图平面和原点

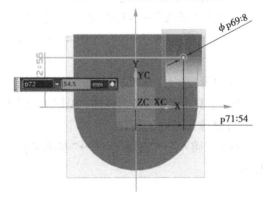

图 4.36　创建 $\phi 8$ 孔的草图

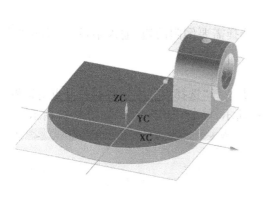

图 4.37　圆柱面上孔的创建

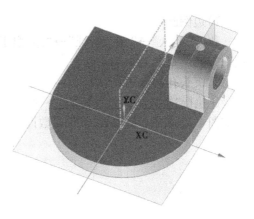

图 4.38　创建镜像基准

6）镜像特征

执行"插入"→"关联复制"→"镜像特征"命令，选择特征前将过滤器改为特征，如图 4.39 所示；选择需要镜像的所有特征，单击左键，再选择镜像平面，单击"应用"按钮，结果如图 4.40 所示。

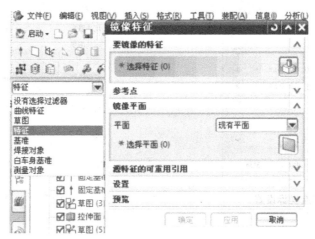

图 4.39　镜像特征的选择

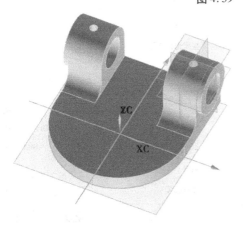

图 4.40　镜像的结果

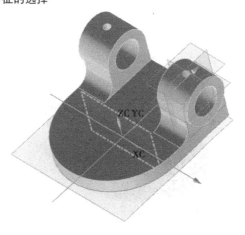

图 4.41　边倒圆

7)边倒圆

执行"插入"→"细节特征"→"边倒圆"命令,选择需要倒圆的边,输入半径15,单击"应用"按钮,结果如图 4.41 所示。

8)沉头孔的创建

①执行"插入"→"设计特征"→"孔"命令,指定点选择"选择点",在工具栏打开点对话框,按如图 4.42 所示设置参数,其他参数设置如图 4.43 所示,单击"确定",结果如图 4.44 所示。

图 4.42 指定点坐标设置

图 4.43 孔参数设置

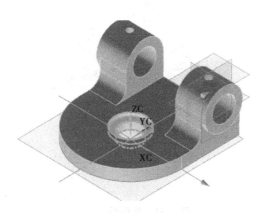

图 4.44 创建的沉头孔

图 4.45 小沉头孔 1 指定点坐标设置

②执行"插入"→"设计特征"→"孔"命令,指定点选择"选择点",在工具栏打开点对话框,按图4.45所示设置参数,其他参数设置如图4.46所示,单击"确定"按钮,结果如图4.47所示。

图4.46 沉头孔1参数设置

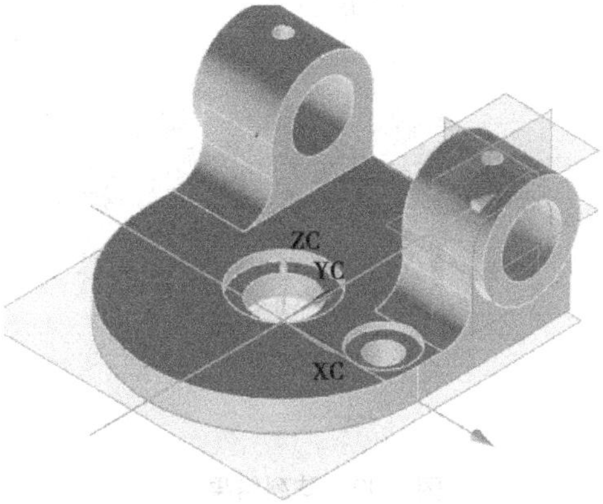

图4.47 创建的小沉头孔1

图4.48 阵列特征参数设置

9)沉头孔的创建

执行"插入"→"关联复制"→"对特征形成图样"命令,在阵列特征对话框里选择特征,其他参数设置如图 4.48 所示,单击"确定"按钮,结果如图 4.49 所示。

10)层操作

进行层操作,将草图、基准分开放置,并让其所在的层不可见,最后结果如图 4.50 所示。

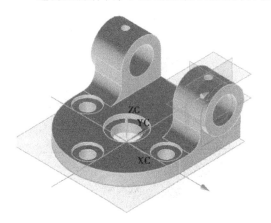

图 4.49　阵列结果

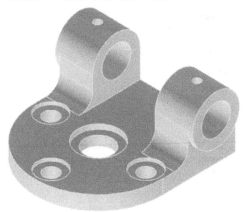

图 4.50　层操作最后结果

【任务评价】

表 4.1　任务实施过程考核评价表

学生姓名		组名		班级		
组员姓名						
考评项目		分值	要求	学生自评	小组互评	教师评定
知识准备	识图能力	5	正确性			
	菜单命令	10	正确率、熟练程度			
任务实施	建模思路	10	合理性			
	最佳建模方案	15	正确、合理、全面			
	产品建模	30	正确性、合理性、路径简洁性			
	所遇问题与解决	10	解决问题的方式方法、成功率			
	任务实施过程记录	5	详细性			
文明上机		5	卫生情况与纪律			

续表

考评项目	分值	要求	学生自评	小组互评	教师评定
团队合作、成果展示	10	团队成员相互协作和积极性			
成绩评定	100				
心得体会					
巩固练习		创建如图所示零件 1 和零件 2 的实体模型。 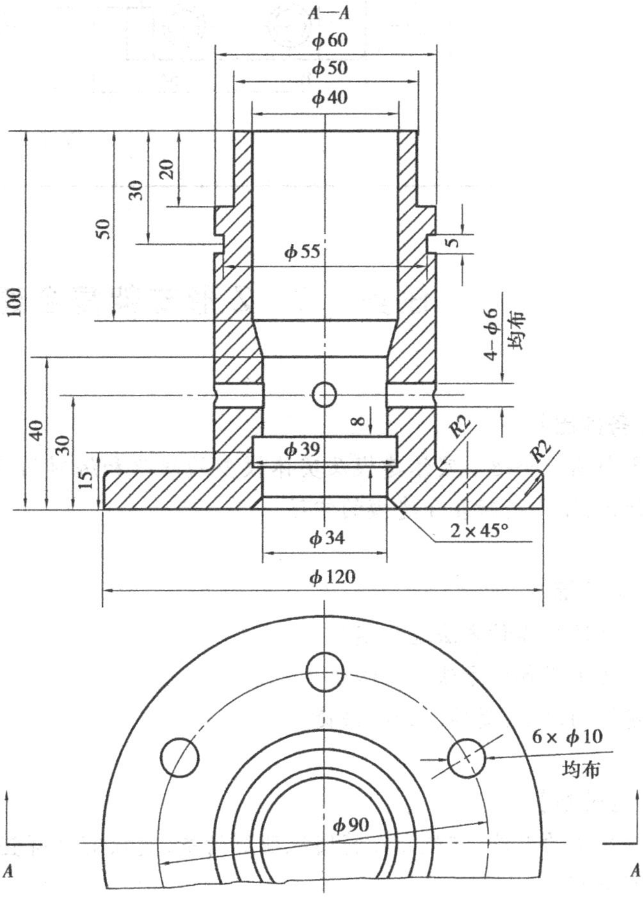 零件 1			

续表

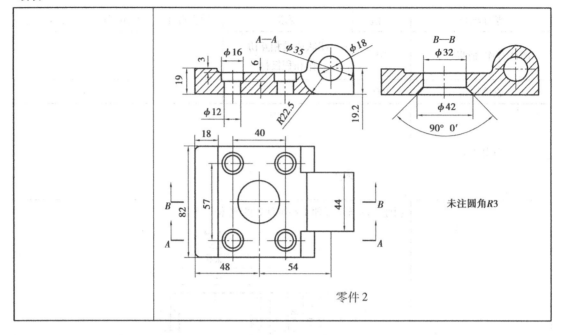

零件 2

任务 4.2　Z 形支架复合建模

【任务提出】

前 3 个项目介绍了实体建模及实体模型的修改和编辑的各种方法。为了加深综合运用前面的知识,下面进行复合建模的学习。

【任务目标】

①灵活运用各种方法进行建模。

②灵活运用各种方法进行编辑。

③建模的原则:简单、准确、快捷。

【任务分析】

对于复杂的零件,首先要在将图纸理解清楚,建模前要有整体规划,这样才能在整个建模过程中有条有理。

【任务实施】

创建如图 4.51 所示的零件实体模型。

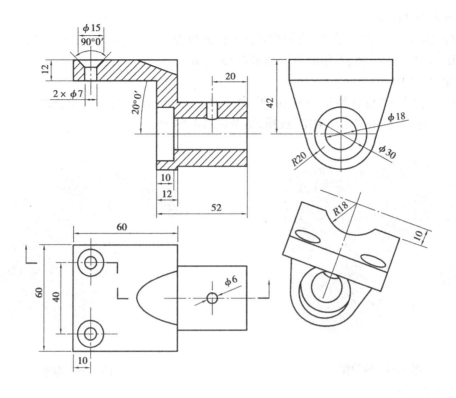

图 4.51　零件

（1）创建长方体

执行"插入"→"设计特征"→"长方体"命令，采用"原点、边长度"方法，参数设为长 60、宽 60 和高 12，单击"确定"按钮，结果如图 4.52 所示。

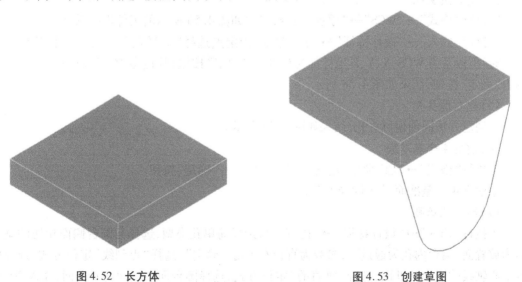

图 4.52　长方体　　　　　　　　　图 4.53　创建草图

（2）创建拉伸体

执行"格式"→"层"命令，建立 21 工作层，单击"确定"按钮。

1)进入草图绘制

执行"插入"→"草图"命令,在创建草图对话框里设置草图平面为长方体的前面,草图原点为默认,单击"确定"按钮,绘制草图如图 4.53 所示。

2)建立拉伸体

执行"插入"→"设计特征"→"拉伸"命令,选择拉伸体截面线串、草图线串,输入参数 -12,布尔运算为求和,单击"确定"按钮,结果如图 4.54 所示。

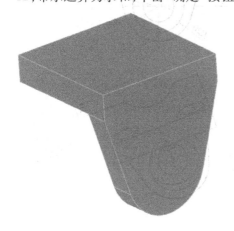

图 4.54　拉伸体

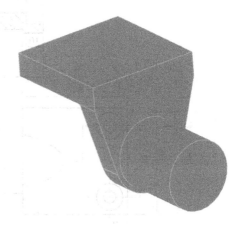

图 4.55　零件

(3)创建圆台

执行"插入"→"设计特征"→"圆台"命令,选择拉伸体的表面作为放置面,参数为直径 35,高度 40,拔模角 0°,单击"确定"按钮;选择"点到点"定位方式,选择拉伸体下侧面的圆弧边线,单击"圆心",结果如图 4.55 所示。

(4)建立沉头孔

①执行"格式"→"WCS"→"原点"命令,建立如图 4.56 所示的工件坐标系。

②执行"插入"→"设计特征"→"孔"命令,指定点选择"选择点",在工具栏打开点对话框,选择坐标系为 WCS,X、Y、Z 坐标都为 0,单击"确定"按钮;其他参数设置如图 4.57 所示,单击"确定"按钮,结果如图 4.58 所示。

(5)建立埋头孔

其创建方法同创建沉头孔,结果如图 4.59 所示。

(6)建立 4 个基准面

①执行"格式"→"层"命令,建立 61 工作层,单击"确定"按钮。

②建立 4 个基准面,如图 4.60 所示。

(7)建立简单孔

①执行"插入"→"设计特征"→"孔"命令,选择简单孔类型,选择与圆台侧面相切的基准面为放置面,圆台内孔为通过面,参数为直径 6,单击"确定";选择"点到线"定位方式,选择圆台中心轴线的竖直基准面,选择"垂直的"定位方式,选择圆台面右侧面的基准面,输入 20,单击"确定"按钮,结果如图 4.61 所示。

②执行"插入"→"设计特征"→"孔"命令,选择简单孔类型,选倾斜基准面为放置面,拉伸体右侧面为通过面,参数为直径 36,单击"确定"按钮;选择"点到线"定位方式,选择圆台中

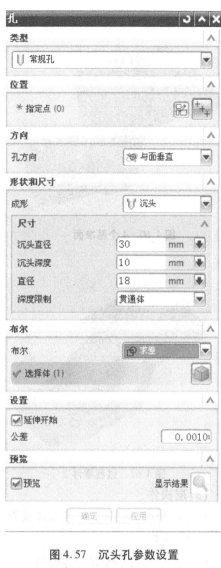

图4.57 沉头孔参数设置

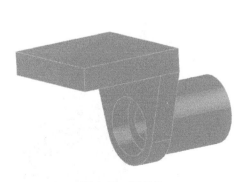

图4.56 建立工件坐标系

图4.58 沉头孔

图4.59 埋头孔

心轴线的竖直基准面,选择"垂直的"定位方式,选择长方体上表面右棱边线,输入-10,结果如图4.62所示;单击"确定"按钮,结果如图4.63所示。

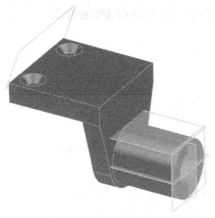

图 4.60　4 个基准面

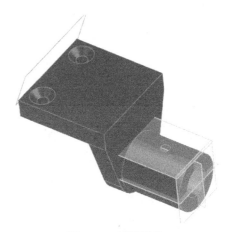

图 4.61　过程零件 1

图 4.62　过程零件 2

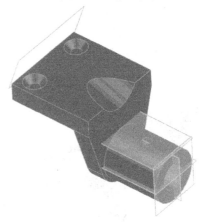

图 4.63　过程零件 3

(8) 层操作

进行层操作,将草图、基准分开放置,并让其所在的层不可见,如图 4.64 所示,最后结果如图 4.65 所示。

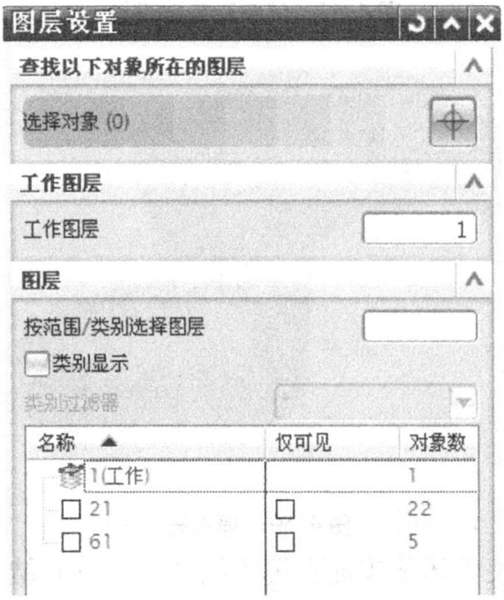

图 4.64　零件

图 4.65　Z 形支架

【任务评价】

表 4.2　任务实施过程考核评价表

学生姓名		组名			班级		
组员姓名							
考评项目		分值	要求	学生自评	小组互评	教师评定	
知识准备	识图能力	5	正确性				
	菜单命令	10	正确率、熟练程度				
任务实施	建模思路	10	合理性				
	最佳建方案	15	正确、合理、全面				
	产品建模	30	正确性、合理性、路径简洁性				
	所遇问题与解决	10	解决问题的方式方法、成功率				
	任务实施过程记录	5	详细性				
文明上机		5	卫生情况与纪律				
团队合作、成果展示		10	团队成员相互协作和积极性				
成绩评定		100					
心得体会							

续表

巩固练习	创建如图所示异形盘和定位座的实体模型。 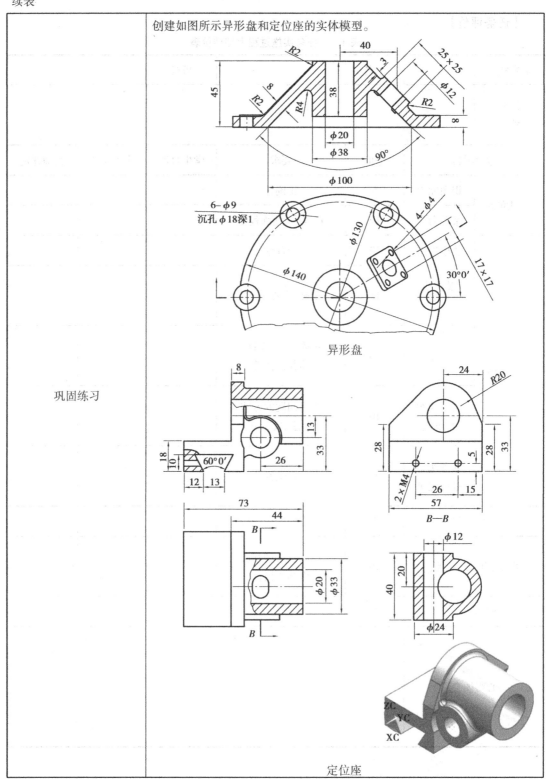 异形盘 定位座

项目 5　平面铣削加工——带岛屿型腔、凹槽

【项目描述】

　　当用户完成了一个零件的模型设计后,就需要加工出这个零件。UG 软件提供了数控加工模块。UG 软件中紧密集成了 CAD 与 CAM 模块,避免了不同软件间 CAD/CAM 数据转化的错误。同时,CAM 数据与 CAD 模型相关,当模型变更,CAM 数据可以自动更改,免去了重新编程的工作,大大提高了工作效率,同时可以实现并行工作,使制图、工艺分析、编程同时进行,即实现一体化加工。UG NX 8.0 CAM 子系统数控编程模块拥有非常广泛的加工能力,从自动粗加工到用户定义的精加工,可以加工各种复杂和多样化零件。它包括数控车削加工模块(Turning)、数控铣削加工模块(Mill)、数控孔加工模块(Drill)、数控电火花线切割加工模块(Wire EDM)等,以交互式模式编制数控程序,完成刀具路径的创建、仿真和后处理。本项目主要介绍应用最为广泛的铣削加工模块中的平面铣削加工。

　　①垫块上表面的铣削加工。

　　②9 字凹槽的铣削加工。

　　③双面开放式型腔铣削加工。

　　④单面开放式型腔铣削加工。

　　⑤凹形刻字加工。

　　⑥多型腔零件加工。

　　⑦斜滑块平面铣削加工。

【项目目标】

　　①掌握平面铣削加工的特点和应用范围。

　　②掌握各种边界的创建方法。

　　③掌握平面铣削的创建步骤。

　　④掌握平面铣削的子类型、参数设置及其创建过程。

【能力目标】

　　①能正确合理地选择平面铣削的子类型。

　　②能针对不同的平面零件进行平面铣削参数的设置,生成合理的刀具路径。

　　③能熟练地使用 Mill_Bnd 几何父节点快速创建多个工步的刀具路径。

　　④掌握面铣加工的特点、参数设置及其创建过程。

任务 5.1　垫块上表面的铣削加工

【任务提出】

　　数控铣削加工应用非常广泛,在航空航天领域中,飞机机身和涡轮发动机的零部件都需

要铣削加工,特别是多轴加工;在汽车工业中,UG 强大的铣削功能被广泛用于塑料模、铸造模和冲压模型面的加工;在日用消费品、高科技产品中,铣削加工可以完成注塑模具的加工;通用机械中,铣削加工也被广泛应用。

UG 中的交互式 CAD/CAM 集成系统自动编程使得编程人员可以首先利用 UG 中的 CAD 模块设计出零件的几何形状,然后对零件图样进行工艺分析,确定加工方案,利用软件的 CAM 模块完成工艺方案的制订,切削用量的选择、刀具及参数的设定,自动生成刀路轨迹,最后通过后置处理程序生成指定数控系统用的加工程序。

UG CAM 铣削加工是指通过 UG 铣削加工模块完成 NC 程序编制,包括切削参数的选择和设置,刀具路径规划,刀位文件生成,刀具轨迹仿真及 NC 代码生成的过程。本项目的主要内容是介绍 UG 的数控铣削编程过程和基本参数的设置。

【任务目标】

①了解 UG 铣削自动编程的流程。

②掌握 UG 铣削简单零件加工程序的编制。

【任务分析】

如何利用 UG 的 CAM 的铣削模块对指定零件进行数控铣削加工,必须掌握以下五步:

①首先创建好 UG 几何模型。

②进入加工环境。

③生成刀具路径和刀轨源文件。

刀轨源文件是一个包含标准 APT 命令的文本文件,一个操作生产后,产生的刀具路径还是一个内部刀具路径,如果要进行后处理,还必须将其输出成外部的 ASC2 文件,就是导轨源文件,扩展名为 *.cls。

④执行后处理(后处理文件包含了机床数据文件 MDFA:机床的数控系统,机床的加工范围、加工精度、轴数,转台和摆头间的位置以及机床编程代码的具体要求等)。

⑤生成数控程序即 NC 代码,文件的扩展名为 *.PTP。

【知识准备】

(1)UG 铣削加工的分类

1)按照铣削方法分类

①平面加工。平面加工通常用于粗加工切去大部分材料,也用于精加工外形、清除转角残留余量,适用于零件的底面为平面且垂直于刀具轴、侧壁为垂直面的工件。

②型腔加工。型腔加工主要用于曲面或斜度的壁和轮廓的型腔、型心进行粗加工,几乎用于加工各种形状的模型。

③固定轴加工。固定轴加工适用于加工一个或多个复杂曲面,一般用于半精加工和精加工。它是通过选择驱动几何体生成驱动点,将驱动点沿着一个指定的投射矢量投影到零件几何体上生成刀位轨迹,并检查生成的刀位轨迹是否过切或超差。如果刀位轨迹满足要求,则输出该点,驱动刀具运动,否则放弃该点。

④可变轴加工。可变轴加工与固定轴加工相比,可变轴加工提供了多种刀具轴的控制,

加工零件更广泛和复杂,一般用于零件的半精加工和精加工。

⑤顺序曲面铣。顺序曲面铣用于零件的半精加工和精加工,这种方法适合于切削有角度侧壁的零件。

2)按照联动的轴的数量分类

①2.5 轴的铣削形式:Planar Mill(平面铣)、Face mill(面铣)、Cavity Mill(型腔铣)(X 、Y 联动,Z 轴间歇式运动),如图 5.1 所示。

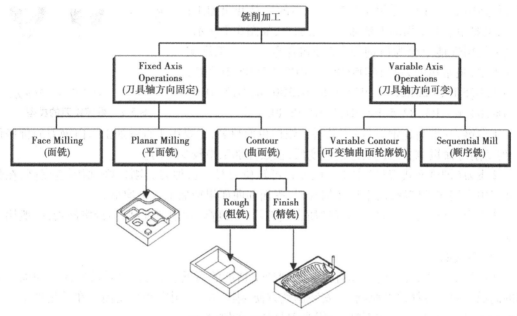

图 5.1 UG 铣削加工的分类

②三轴的铣削形式(固定刀具轴):Z-Level mill(等高外形铣削)、Fixed Axis Surface Coutour(固定轴曲面轮廓铣)(X 、Y 、Z 三轴联动),如图 5.1 所示。

③多轴(可变刀具轴)的铣削形式:Variable Axis Surface Coutour(可变轴曲面轮廓铣)、Sequential Mill(顺序铣)(X 、Y 、Z、A 摆头和 B 转台五轴联动,目前的多轴数控机床有双转台,双摆头,一转台一摆头类型的 5 坐标机床),如图 5.1 所示。

3)按加工精度分类

①粗铣:平面铣、面铣、型腔铣。

②半精铣、精铣:平面铣、等高外形加工、固定轴曲面轮廓铣、可变轴曲面轮廓铣 、顺序曲面铣。

(2)编程坐标系的设置

编程坐标系的位置以方便对刀为原则,毛坯上的任何位置均可。

(3)安全高度的设置

安全高度是指车刀在此位置以上不会损伤工件的最低高度。安全高度一定要高过装夹待加工工件的夹具高度,但也不应太高,以免浪费时间。

(4)刀具的类型

数控加工刀具必须适应数控机床高速、高效和自动化程度高的特点,一般包括通用刀具、通用连接刀柄及少量专用刀柄。刀柄要连接刀具并装在机床动力头上,因此已逐渐标准化和系列化。

刀具根据结构可分为:整体式刀具;镶嵌式刀具,采用焊接或机夹式连接,机夹式又可分为不转位和可转位两种;特殊形式刀具,如复合式刀具、减震式刀具等。刀具根据所用材料可分为:高速钢刀具;硬质合金刀具;金刚石刀具;其他材料刀具,如立方氮化硼刀具、陶瓷刀具等。数控铣刀根据形状可分为:平底刀(端铣刀),主要用于粗加工、平面精加工、外形精加工和清角加工,其缺点是刀尖易磨损,影响加工精度;圆鼻刀,主要用于模坯的粗加工、平面精加工和侧面精加工,特别适用于材料硬度高的模具开粗加工;球刀,主要用于非平面的半精加工和精加工,如图 5.2 所示。刀具从使用性能上分为白钢刀、飞刀和合金刀。在工厂实际加工中,最常用的刀具有 D63R6、D50R5、D35R5、D32R5、D30R5、D25R5、D20R0.8、D17R0.8、D13R0.8、D12、D10、D8、D6、D4、R5、R3、R2.5、R2、R1.5、R1 和 R0.5 等。

球刀　圆鼻刀　平底刀

图 5.2　数控铣刀的类型

①白钢刀(即高速钢刀具)因其通体银白色而得名,主要用于直壁加工。白钢刀的价格便宜,但切削寿命短、吃刀量小、进给速度低,在数控加工中较少使用。

②飞刀(即镶嵌式刀具)主要为机夹式可转位刀具。这种刀具刚性好、切削速度高,在数控加工中应用非常广泛,用于模坯的开粗、平面和曲面粗精加工效果均很好。

③合金刀(通常指的是整体式硬质合金刀具)精度高、切削速度高,但价格昂贵,一般用于精加工。

(5)刀具的选择

在数控加工中,刀具的选择直接关系到加工精度的高低、加工表面质量的优劣和加工效率的高低。刀具选择总的原则是:安装调整方便、刚性好、耐用度和精度高。在满足加工要求的前提下,尽量选择较短的刀柄,以提高刀具加工的刚性。

在实际加工中,常选择立铣刀加工平面零件轮廓的周边、凸台、凹槽等;选择镶硬质合金刀片的玉米铣刀加工毛坯的表面、侧面及型腔开粗;选择球头铣刀、圆鼻刀、锥形铣刀和盘形铣刀加工一些立体表面和变斜角轮廓外形。

在型腔尺寸允许的情况下尽可能选择直径较大及长度较短的刀具;优先选择镶嵌式刀具,对于精度要求高的部位可以考虑使用整体式合金刀具;尽量少用白钢刀具(因为白钢刀具磨损快,换刀的时间浪费严重,得不偿失);对于很小的刀具才能加工到的区域,应该考虑使用电火花机或者线切割机加工。

(6)刀具切削参数的设置

合理选择切削用量的原则是:粗加工时,一般以提高生产效率为主,但也应考虑经济性和加工成本;半精加工和精加工时,应在保证加工质量的前提下,兼顾切削效率、经济性和加工成本。具体数值应根据机床说明书、切削用量手册,并结合经验而定。具体要考虑以下 5 个因素:

1)切削深度 ap(mm)

在机床、工件和刀具刚度允许的情况下,ap 就等于加工余量,这是提高生产率的一个有效措施。为保证模具零件的加工精度和表面质量,一般应留有一定的余量进行精加工。

2)切削宽度 L(mm)

L 一般与刀具直径 d 成正比,与切削深度成反比。L 的取值范围一般为:$L = (0.6 \sim 0.9)d$。

3)切削速度 V(m/min)

提高 V 也是提高生产率的一个措施,但它与刀具耐用度的关系比较密切。随着切削速度的增大,刀具耐用度急剧下降,故切削速度的选择主要取决于刀具耐用度,此外与加工材料也有很大关系。

4)主轴转速 n(r/min)

主轴转速一般根据切削速度 V 来决定。计算公式为: $V = \pi dn/1\ 000$。数控机床的控制面板上一般备有主轴转速修调(倍率)开关,可在加工过程中对主轴转速调整。

5)进给速度 Vf(mm/min)

进给速度应根据零件的加工精度和表面粗糙度的要求以及刀具和工件材料来选择。Vf 的增加也可以提高生产率,因此加工表面粗糙度要求低时,Vf 可选择大些。在加工过程中,Vf 也可通过机床控制面板上的修调开关进行人工调整,但最大进给速度受到设备刚度和进给系统性能的限制。

(7)加工术语及定义

1)零件几何

零件几何是加工中需要保留的那部分材料,即加工好的零件或半成品。在数控编程中需要设置零件几何。

2)毛坯几何

毛坯几何是所要加工零件的原材料。在数控编程中需要设置毛坯几何。

3)检查几何

检查几何是加工过程中需要避开的与刀具、刀柄或机床某个部位碰撞的对象。检查几何是零件几何上的某个部位,或者是装夹零件几何的夹具部位。

4)工件

工件是个复合体,既包含零件几何的信息也包含毛坯几何的信息。

5)加工坐标系

加工坐标系是所有刀具路径输出点的基准位置,刀具路径中的所有数据相对于该坐标系输出。加工坐标系可以自行选择,原则是方便加工,也可以和工件坐标系一样。加工一个零件可以创建多个坐标系,但创建一次走刀只能使用一个坐标系。

6)刀具路径

刀具路径是由数控编程员在数控编程软件中生成的刀具路径,包含加工零件的刀具位置、刀具参数、进给量、切削速度、走刀路线、走刀方向等信息。

7)父节点组

父节点组中存储了很多信息,凡在父节点组中指定的信息都可以被后续工步所继承。在加工模块中需要创建的父节点组有4个,比如程序父节点组、刀具父节点组、几何父节点组和加工方法父节点组,里面存储着刀具数据、公差信息、加工方法、加工坐标系、零件几何体和毛坯等信息。

8)刀轨源文件(∗.CLSF)

刀轨源文件是一个包含标准 APT 命令的文本文件。一个操作生成后,产生的刀具路径还是一个内部刀具路径,如果要进行后处理,还必须将其输出成外部的 ASCⅡ文件,这就是刀轨源文件。

(8)UG 数控编程的流程和步骤

1)UG 数控编程流程

UG 数控编程分为三大块:首先在建模中进行 UG 几何模型的设计,即 CAD 部分;其次是进入加工模块,完成刀具路径的创建,即 CAM 部分;最后进行相关处理刀轨源文件的生成和后置处理生成 NC 代码。UG 数控编程流程如图 5.3 所示。

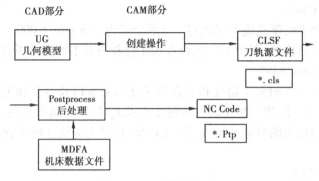

图 5.3　UG 数控编程流程

2)UG 编程的创建过程

UG 编程的创建过程分为 7 步,如图 5.4 所示。

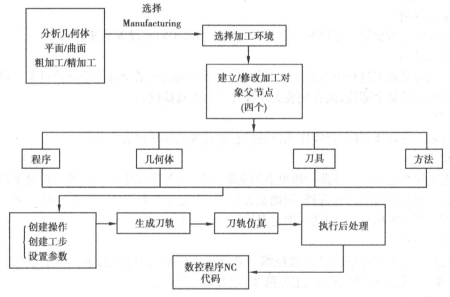

图 5.4　UG 编程的创建过程

①分析几何体(加工部位是平面还是曲面,是粗加工还是精加工,刀具大小的选择)。

②选择加工环境。它决定了可创建的操作类型是铣加工、车加工还是线切割加工。在选择一个操作类型进而生成刀轨之前,必须选择合适的加工环境。加工环境不同,可供选择的操作类型也就不同。

③创建父节点组(程序视图、刀具、几何体和方法)。在创建的父节点组中存储着加工信息,如创建的程序、刀具信息、工件和毛坯信息、加工方法。

工步导航工具是一个图形化的用户界面,是用来管理当前部件文件中的工步及其参数设置的工具。工步导航工具中列出了已创建的所有工步和父节点组之间的关系,其中创建刀具非常关键。

④创建操作(创建工步,设置参数)。

创建工步:指定这个工步的程序、方法、刀具和几何视图,父节点组要和前面创建的父节点组相对应。

指定工步参数:在工步对话框中指定参数,如几何体、切削方法、步进、每一刀的全局深度、控制几何体和切削参数等,这些参数都将对刀轨产生影响。

⑤生成刀轨。当创建了所有必要的工步参数后,就可以生成刀轨。

⑥仿真。当对创建的刀轨满意了,可以进一步仿真检查刀轨。

⑦后处理生成 NC 代码,即对刀轨进行后处理,生成符合机床标准格式的数控程序。

(9)加工工具条和菜单

在用户界面模型窗口外的空白处,单击鼠标右键,显示如图 5.5 所示的加工工具条设置菜单。在工具条前面的复选框中打上“√”,工具条将出现在用户界面中;若要取消工具条前面的复选框中的“√”,则工具条关闭。

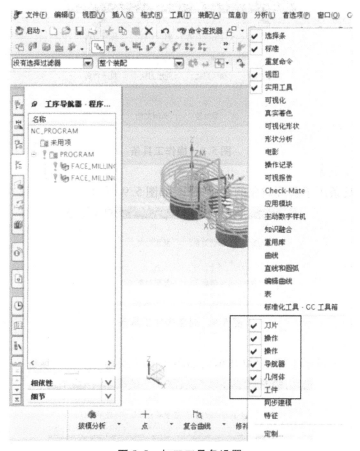

图 5.5 加工工具条设置

1)刀片工具条

刀片工具条用于创建四个父节点组,程序、刀具、几何体、加工方法和创建工序,如图 5.6 所示。

图 5.6 刀片工具条

2）导航器工具条

在导航器菜单下，可对四个父节点组的浏览和视图之间进行切换，如图 5.7 所示。

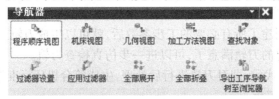

图 5.7　导航器工具条

3）操作工具条

操作工具条用于对工序进行各种编辑和处理，如图 5.8 所示。

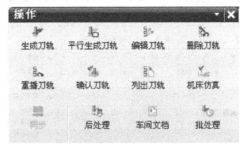

图 5.8　操作工具条

4）对象操作工具条

对象操作工具条用于管理对象的各种操作，如图 5.9 所示。

图 5.9　对象操作工具条

5）工件工具条

工件工具条用于显示工序工件（IPW），如图 5.10 所示。

图 5.10　工件工具条

【任务实施】

垫块毛坯大小为 100 mm × 100 mm × 40 mm，材料为 45 钢。加工垫块上表面，使其尺寸为 100 mm × 100 mm × 30 mm，如图 5.11 所示。

（1）加工前的准备

打开零件，设计该零件的毛坯为 100 mm × 100 mm × 40 mm，并将毛坯的显示方式设置为透明。

①执行"插入"→"设计特征"→"长方体"命令，系统进入如图 5.12 所示的块对话框。选

择类型为"两点和高度",分别选择"原点"和"从原点出发的点XC,YC",如图5.13所示,输入尺寸高度为40,单击"确定"按钮,即完成毛坯的创建,如图5.13所示。

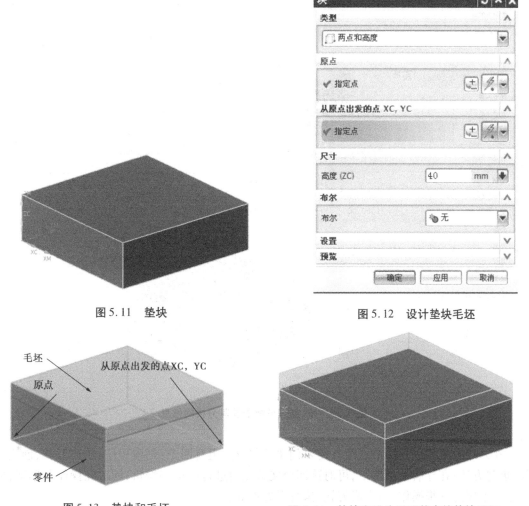

图5.11 垫块

图5.12 设计垫块毛坯

图5.13 垫块和毛坯

图5.14 垫块和设为透明状态的垫块毛坯

②执行"编辑"→"对象显示"命令,进入类选择对话框,选择"毛坯",单击"确定"按钮;在编辑对象显示对话框中,将"透明度"设为100,单击"确定"按钮,如图5.14所示。

③选择加工环境,在左上角的"启动"图标下,在所有应用模块中选择加工模块,在加工环境对话框选择 Mill_planar 铣削形式,单击"确定"按钮,即进入加工环境。

④执行"分析"→"NC 助理"→"分析类型"→"层"命令,如图5.15所示,要分析的面选择零件的"上表面",分析类型为"层",参考矢量为"+Z"方向,参考平面选择零件的"底面",退出时保存面颜色前面选上"√",单击"确定"按钮。在 NC 助理对话框中点击信息后面的图标,查看分析的信息,该零件的深度为30。

NC 助理主要是对层、拐角、圆角和拔模进行分析,确定刀具直径、刀长、刀具的圆角半径等参数。该零件加工部位是上表面,上表面有 10 mm 的余量,所以选择一把 $\phi16$ 的立铣刀。

分析层:分析模型深度及刀具的悬伸长度;

分析拐角:分析模型壁与壁的圆角及刀具的直径;

123

分析圆角:分析模型侧壁与底面的夹角;

拔模角度:可设刀具的锥角。

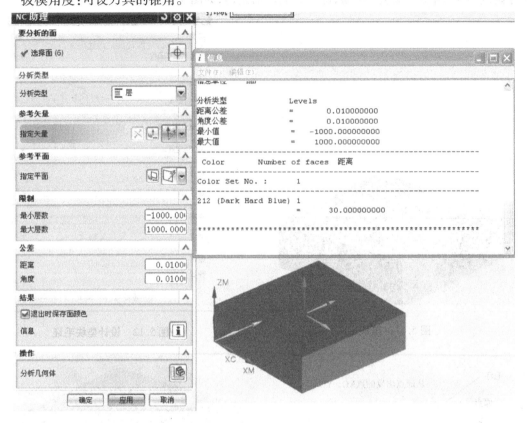

图 5.15 NC 助理分析层及其分析的信息

(2)创建父节点组

在刀片菜单下创建父节点组。需要创建的父节点组有四个:创建程序、创建刀具、创建几何、创建方法;在导航器菜单下,可对这四个父节点组进行浏览和编辑;同时在操作菜单下,可对创建工序进一步操作,如生成刀轨、执行后处理等。

1)程序父节点组

它可以不用创建,默认系统的 Program,在"程序顺序视图"下进行浏览,如图 5.16 所示。

2)刀具父节点组的创建

在导航器菜单下点击"机床视图",观察工序导航器,此时没有刀具,如图 5.17 所示;在刀片菜单下点击"创建刀具",如图 5.18 所示,在刀具子类型中选择立铣刀 Mill,单击"应用"按钮,进入铣刀参数对话框,如图 5.19 所示。输入刀具的直径为 16,其他参数采用默认值,单击"确定"按钮完成刀具父节点组的创建。在导航器菜单下观察"机床视图",已建立了一把 Mill 的立铣刀,如图 5.20 所示。

图 5.16　对程序父节点进行浏览

图 5.17　浏览机床视图

图 5.18　刀具父节点组的创建

图 5.19　对刀具父节点参数的设置

3）几何父节点组的创建

需要设置加工坐标系和 workpiece 中的工件和毛坯,为了方便选择,事先可以将毛坯隐藏,先选择工件,然后用快捷键 Ctrl + Shift + B 进行切换,或直接在透明状态下选择,如图 5.21 所示为加工坐标系的选择;如图 5.22 所示为 workpiece 中的工件和毛坯选择,选择完后可以用工件、毛坯后面的手电筒检查选择是否正确。

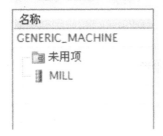

图 5.20　查看刀具父节点组

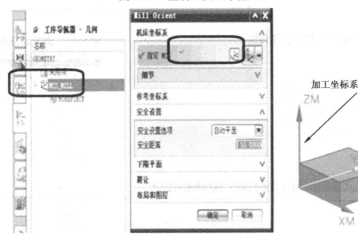

图 5.21　几何父节点加工坐标系设置

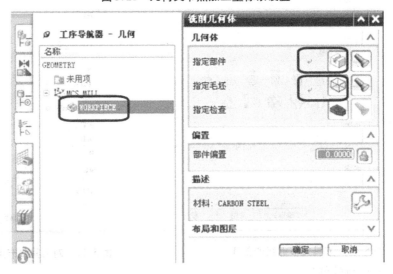

图 5.22　几何父节点 workpiece 的设置

4)方法父节点组的创建

它可以不创建,默认系统的加工方法,在"加工方法视图"下进行浏览,分别设置粗加工、半精加工和精加工的余量和公差,如图 5.23、图 5.24 和图 5.25 所示。

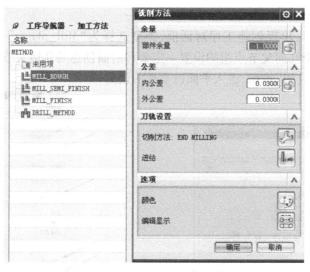

图5.23　方法几何父节点中的粗加工余量和公差的设定

图5.24　方法几何父节点中的半精加工余量和公差的设定

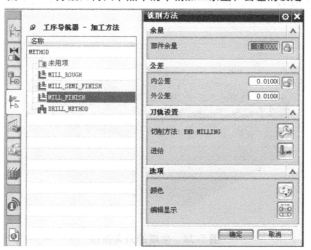

图5.25　方法几何父节点中的精加工余量和公差的设定

（3）创建工序操作

点击"创建工序"，出现创建工序对话框，类型选择为"Mill_planar"，子类型选择"planar Mill"。位置中的四个几何父节点组的设置一定要和前面创建的几何父节点组的名称对应，如图 5.26 所示，单击"应用"按钮，进入平面铣参数的设置。

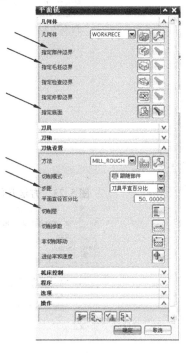

图 5.26　创建工序　　　　　　　　　图 5.27　平面铣参数的设置

平面铣参数的设置，如图 5.27 所示。部件边界选择工件的上表面，毛坯边界选择毛坯的上表面，底平面选择工件的上表面（即最终加工的底面）。切削模式为"跟随部件"，步距为"刀具直径百分比 50%"，切削层"每刀深度为 3"，完成参数的设置。

（4）生成刀轨

单击对话框左下角的"生成"按钮，生成的刀具路径如图 5.28 所示。

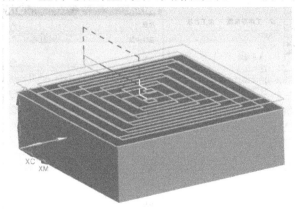

图 5.28　生成的刀具路径

(5)仿真

单击对话框下方的"确认"按钮,进入刀轨可视化仿真,仿真时采用2D仿真,如图5.29所示。

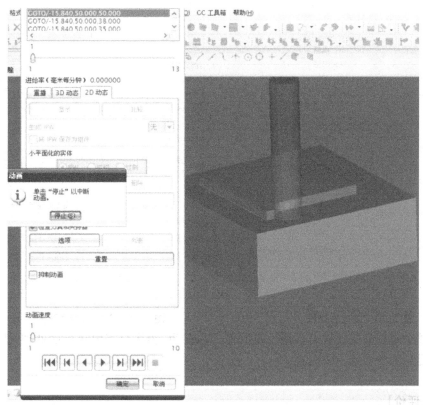

图5.29 刀具路径的2D仿真

(6)后处理

在工序导航器中,选中刚才生成的刀具路径,单击右键,选择"后处理",如图5.30所示。选择后处理程序"Mill_3_Axis",如图5.31所示,单击"确认"按钮,最后生成NC代码信息框,如图5.32所示。

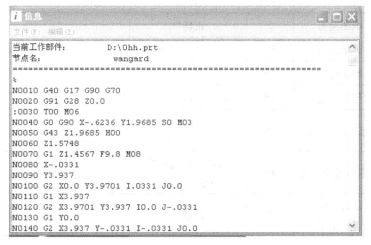

图5.32 生成NC程序

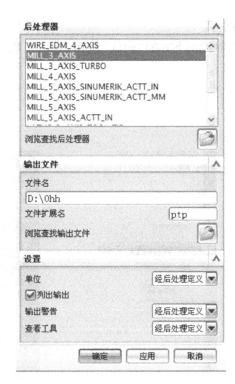

图 5.30　进行后处理　　　　　图 5.31　选择后处理程序

　　编程整个过程的关键是刀具路径的生成。生成 NC 程序只需要执行后处理,所以刀具路径的创建是后面学习的主要内容。

【任务评价】

表 5.1　任务实施过程考核评价表

学生姓名		组名		班级	
同组学生姓名					
考评项目		分值	要求	学生自评	小组互评	教师评定
知识准备	识图能力	5	正确性			
	菜单命令	10	正确率、熟练程度			
任务实施	加工思路	10	合理性			
	最佳参数设置	15	正确、合理、全面			
	创建刀具路径	30	正确性、合理性、路径简洁性			
	所遇问题与解决	10	解决问题的方式方法、成功率			
	任务实施过程记录	5	详细性			

续表

考评项目	分值	要求	学生自评	小组互评	教师评定
文明上机	5	卫生情况与纪律			
团队合作、成果展示	10	团队成员相互协作和积极性			
成绩评定	100				
心得体会					
巩固练习	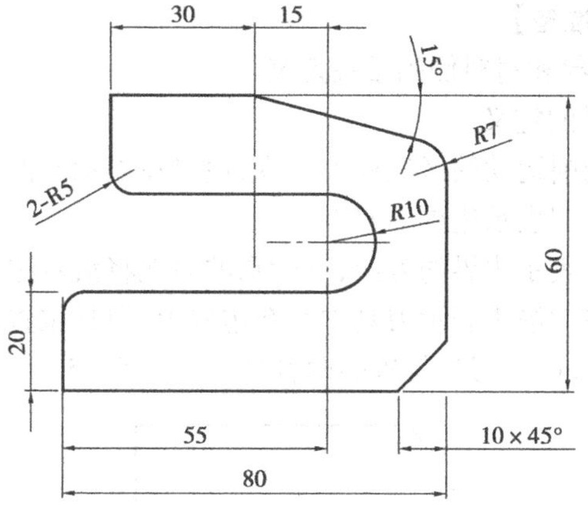	用平面铣创建如图所示定位板的外形加工 定位板			

任务 5.2　9 字凹槽的铣削加工

【任务提出】

平面铣削属于 2.5 轴的铣削形式,加工时 X 和 Y 轴连动,每一层上 Z 是不动的,Z 只是间歇式地运动。它可以通过边界和不同的材料方向定义任意区域的任一切削深度,它调整方便,能很好控制刀具在边界上的位置。一般情形下,对于直壁的、水平底面为平面的零件,常选用平面铣操作做粗加工和精加工,如加工产品的基准面、内腔的底面、敞开的外形轮廓等。在飞机的薄壁结构件的加工中,平面铣被广泛使用。平面铣建立的边界,定义了零件几何体的切削区域,并且一直切削到指定的底平面上。每个刀路除了深度不同外,形状与上一个或下一个切削层严格相同,这就是为什么平面铣加工出直壁平底的原因。平面铣主要用于粗加工,当切削方法为轮廓和标准驱动时为精加工。

生产实践中,产品的基准面、内腔的底面、敞开的外型轮廓等,其侧壁一般为直壁,并且岛屿的顶面和槽腔的底面为平面,这类零件的加工一般都采用平面铣加工。

【任务目标】

①掌握边界的定义及使用规则。

②掌握用封闭边界创建平面铣操作。

③掌握开边界的创建及其延伸。

【任务分析】

当零件槽的底部、岛屿的顶面为平面时,一般采用平面铣削进行加工。

【知识准备】

(1)边界和材料侧的相关定义

1)边界的定义

刀具切削运动的区域称为边界,边界在显示时的特点:

①小圆圈表示边界的起点。

②箭头表示边界的方向,铣轮廓的刀轨将沿着边界的方向运动。

③完整的箭头表示刀具中心在边界上,刀具位置为 on,半个箭头表示刀具和边界相切,刀具位置为 Tanto。刀具位置的两种形式如图 5.33 所示。

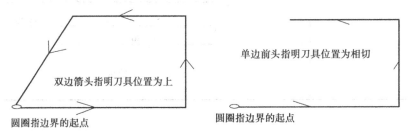

图 5.33　刀具位置的两种形式

2)材料侧

切削后,留下来的材料在边界的那一侧。

3)边界(Boundary)的类型

它包括封闭边界和敞开边界。

4)边界使用规则

①刀具可以加工封闭边界的内侧或者外侧,开边界的左侧或者右侧。

如果材料侧在边界的内侧,则称为岛屿,刀具切削边界的外侧。

如果材料侧在边界的外侧,则称为型腔,刀具切削边界的内侧。

开边界的左侧或者右侧由进刀方向决定,同数控编程的左右侧。

②边界的位置和底平面的相对关系决定了平面铣工步是否进行多层切削。如果两者一致,则只进行单层切削;如果定义的边界的平面高于底平面,则进行多层切削。切削的层数由切削深度来确定。

5)边界参数设置

边界的类型有封闭边界和敞开边界。边界可通过点、线、面来定义。面是作为一个封闭的边界来定义的,其材料侧为内部保留或外部保留。当通过曲线和点来定义零件边界时,边界有封闭边界和敞开边界之分。当是闭边界时,其材料侧为内部保留或者外部保留;当是开边界时,其材料侧为左侧保留或者右侧保留。

（2）其他相关参数

1）底平面的设置

底平面即是指零件的深度,也是刀具最终的切削深度。

2）步距

步距指一条刀路到下一条刀路间的距离,粗加工不超过 50%,避免满刀切削,精加工可大些。

【任务实施】

（1）采用平面铣削加工（图 5.34）的 9 字凹槽腔和岛屿

要求使用面创建封闭边界,使用曲线创建开边界两种方法完成凹槽腔、岛屿的平面铣削加工,零件单位为英寸。

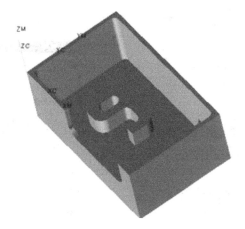

图 5.34　9 字凹槽

1）根据模型,采用 NC 助理进行分析

目的是选择刀具的直径和悬伸长度。

分析级别:分析模型深度及刀具的悬伸长度。

分析拐角:分析模型壁与壁的圆角及刀具的直径。

分析圆角:分析模型侧壁与底面的夹角。

拔模角度:可设刀具的锥角。

2）做毛坯（用两端点法做）

制作毛坯,让毛坯透明显示。

3）参数设置

在创建平面铣工步前指定这个工步的"程序"、"方法"、"刀具"和"几何父节点组",如图 5.35 至图 5.38 所示。创建"方法"时,在 MILL_METHED 中输入部件余量 0、内公差和外公差 0.01;创建刀具时,有两把刀具 Tool0 和 Tool1,输入刀具参数为 Tool0:0.6 0.1 6 0 0 2,Tool1:0.4 0.1 3 0 0 2。创建几何体时注意选择部件（零件）和选择隐藏的毛坯。

图 5.35 创建程序

图 5.36 创建方法

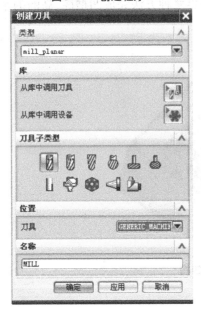

图 5.37 创建刀具

图 5.38 创建几何体(加工坐标系)

4)创建平面铣工步

如图 5.39(a)所示,主要是对 4 个几何父节点组的选择,和第三步创建 4 个的几何父节点组要一致,单击"应用"按钮,进入平面铣参数设置对话框,如图 5.39(b)所示。

①使 9 字件开口 U 形处边界封闭:执行"基本曲线"→"通过点"命令(将 9 字件开口 U 形处连接起来);

②指定部件边界:在指定部件边界后面点击"选择或编辑部件边界",进入边界几何体对话框,模式选择"曲线/边",材料侧选择"外边",面选择"忽略岛屿",选择"上表面内边界",两次单击"确定"按钮。

③附加边界:在指定部件边界后面点击"选择或编辑部件边界"项,单击"编辑"→"附加"→"表面"命令,选择材料侧:"内部"→"忽略孔",选择"9 字上表面和两个孔的上表面",再两次单击"确定"按钮,产生的边界如图 5.40 所示。

④指定毛坯边界:在指定毛坯边界后面点击"选择或编辑毛坯边界",进入边界几何体对

话框,模式选择"面",材料侧选择"内",凸边、凹边选择"相切",选择毛坯的上表面,单击"确定"按钮。

(a)创建操作选择4个几何父节点组　　　(b)平面铣参数设定对话框

图5.39　创建平面铣削工步

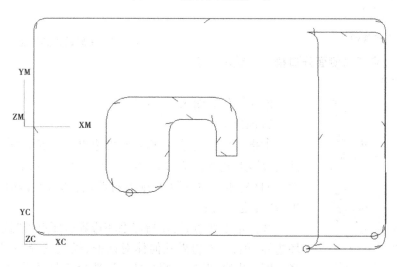

图5.40　平面铣边界

⑤指定底面:在指定底面后面点击"选择或编辑底平面几何体"项,选择"部件腔的最底面",单击"确定"按钮。

⑥"切削模式"选择"跟随周边"。

⑦"步距"选择"刀具直径百分比",输入45。

⑧"切削层"类型"恒定",深度输入0.2,单击"确定"按钮。

⑨"切削参数"余量输入0;执行"拐角"→"拐角处进给减速"命令,如图5.41所示五点降速图,单击"确定"按钮。

⑩安全平面的设置:点击"非切削移动"项进入非切削移动对话框,点击"转移/快速"项,在安全设置选项选择"平面",选择零件上表面,偏置距离为2,单击"确定"按钮。

⑪进退刀方式的选择:点击"非切削移动"项进入非切削移动对话框,点击"进刀"项,进刀类型选择"沿形状斜进刀",斜坡角为5°,高度为0.3,高度起点为前一层,单击"确定"按钮;点击"退刀"项,进刀类型选择"与进刀相同",单击"确定"按钮。

⑫所有参数设置结束,生成如图5.42所示的刀具轨迹。

图 5.41　五点降速

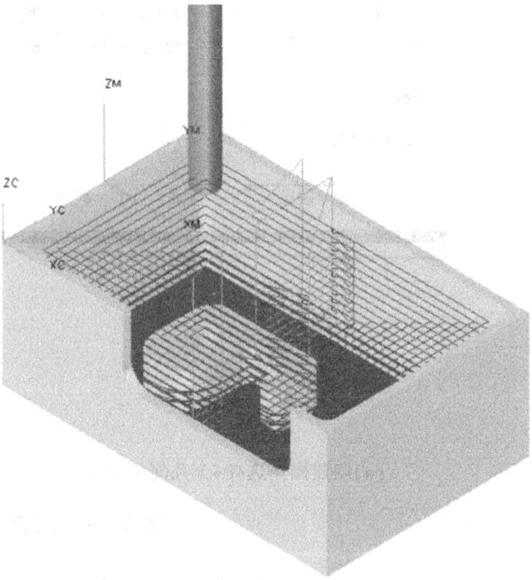

图 5.42　生成的刀具轨迹

(2)完成九字凹槽侧面开口槽平面铣削加工

1)创建操作

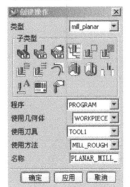

图 5.43　创建平面铣操作

创建操作如图5.43所示。

2)创建边界

①指定部件边界:在指定部件边界后面点击"选择或编辑部件边界"项,进入边界几何体对话框,执行"曲线/边"→"开边界"→材料侧:"左偏"(左选为右偏,右选为左偏命令),再两次单击"确定"按钮。

②指定毛坯边界:在指定毛坯边界后面点击"选择或编辑毛坯边界"项,进入边界几何体对话框,模式选择"面",材料侧选择"内",凸边、凹边选择"相切",选择零件的前侧面,单击"确定"按钮。

③指定底面:在指定底面后面点击"选择或编辑底平面几何体"项,模式选择"面",选择"加工的底侧面"→偏置 0.3 英寸,再两次单击"确定"按钮。

④执行"刀轴"→"指定矢量"→"面法向"→"选外侧面"命令。"步距"选择"刀具直径百分比",输入 50。"切削参数",余量选项中内公差:0.005,外公差:0.005。

3)边界延伸

①执行"编辑"→"编辑"→"起点"→"延伸"→"距离"命令,选择 2,再两次单击"确定"命令。

②执行"编辑"→"编辑"→"终点"(用箭头切换边界的位置)→"延伸"→"距离"命令,设置 2 英寸(包含原来的长度),再两次单击"确定"按钮,延伸后的边界如图 5.44 所示。

"切削深度"选项选择恒定:0.1 英寸;

所有参数设置结束,再两次单击"确定"按钮生成如图 5.45 所示的刀具轨迹。

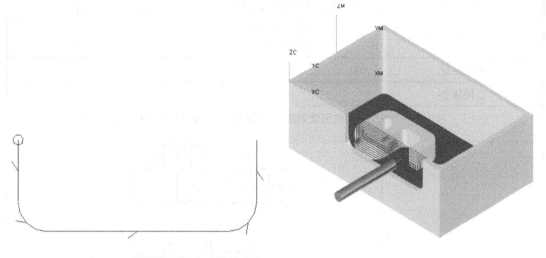

图 5.44　延伸后的边界　　　　　图 5.45　生成的刀具轨迹

【任务评价】

表 5.2　任务实施过程考核评价表

学生姓名			组名		班级	
同组学生姓名						
考评项目		分值	要求	学生自评	小组互评	教师评定
知识准备	识图能力	5	正确性			
	菜单命令	10	正确率、熟练程度			

续表

考评项目		分值	要求	学生自评	小组互评	教师评定
任务实施	加工思路	10	合理性			
	最佳参数设置	15	正确、合理、全面			
	创建刀具路径	30	正确性、合理性、 路径简洁性			
	所遇问题与解决	10	解决问题的方式 方法、成功率			
	任务实施 过程记录	5	详细性			
文明上机		5	卫生情况与纪律			
团队合作、成果展示		10	团队成员相互 协作和积极性			
成绩评定		100				
心得体会						
巩固练习		用平面铣创建如图所示凸凹模上表面、内腔、凸台和岛屿的加工程序。 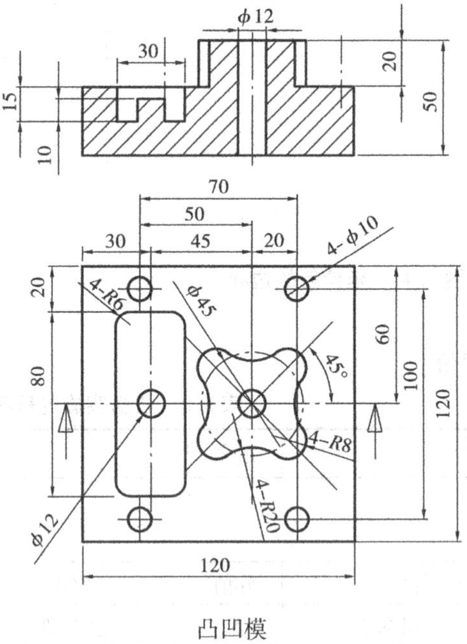 凸凹模				

任务 5.3　双面开放式型腔铣削加工

【任务提出】

对于开放式型腔的精加工,在平面铣中通常用轮廓加工。加工时为了保证零件表面质量,进、退刀都在零件外,所以需要对创建的开放式边界进行延伸以满足要求。

【任务目标】

学会开边界的创建,并对开边界进行延伸。

【任务分析】

双面开放式型腔加工中,在刀具参数选择时注意侧壁半径的大小,同时延伸边界的长度大于刀具直径。

【知识准备】

(1)什么时候用曲线做边界

当没有实体时或从二维软件导入的二维图形做平面铣时,可用曲线做边界。注意两点:

①这里的材料侧指沿切削方向材料在边界的那一侧。

②对于开放式边界可延伸,不定义毛坯边界,切削方法只能采用轮廓加工和标准驱动,但可在水平方向附加刀轨。

(2)创建自动保存的边界

当刀具的半径大于零件的拐角半径,加工时会留下多余的材料未能加工,这些未切削区域可以保存为自动保存边界,在下一个工步中继承前面的余量进行切削。在参数设置时,把2D 勾选上。

(3)开边界的使用规则

开边界的材料侧为左侧或右侧,由进刀方向决定。

(4)边界的类型

①部件边界:定义被保留材料的边界。

②毛坯边界:定义被切削材料的边界。

③关于检查边界:定义刀具必须避让的边界,即刀具不能切入的边界如夹具等。如果定义了检查边界,加工时刀具会避开这个边界,适合于加工面上有夹具的切削,如图 5.46 所示,定义了检查边界的刀具路径避开夹具如图 5.47 所示。

④修剪边界:定义被删除或被保留的导轨范围。如果某一区域的刀轨要删除,可以定义修剪边界将其删除。定义了修剪边界如图 5.46 所示,加工时可以有效地控制所需要的加工范围。如图 5.48 所示,圆形曲线区域内的刀具路径被修剪掉了。

图 5.46　平面铣其他两个边界的设置

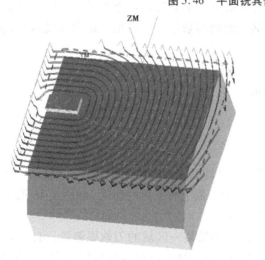

图 5.47　定义了夹具的检查边界

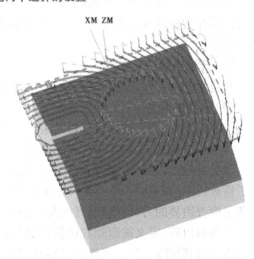

图 5.48　定义了检查和修剪边界

【任务实施】

用平面铣的开放式边界并对边界进行延伸加工如图 5.49 所示双面开放式型腔。

（1）做部件

①"长方体"→100,100,40；

②"外壳"→选可见的三边→厚度 10；

③"边倒圆"→选要倒圆的棱边 R5。

（2）做毛坯

执行"长方体"→"两端点法"命令（将毛坯颜色改变并隐藏）。

（3）初始化

执行"加工"→"一般"→"初始化"命令

①"创建程序"；

②"创建方法"；

③"创建刀具"mill:20 1 75 0 0 50 mill1:20 5 75 0 0 50（球刀）；

④"创建加工坐标系"（可对坐标系进行编辑，在操作导航器中，在几何视图状态，双击 MCS_MILL,选择原点将基点坐标全设为 0,确定即可）；

⑤"创建几何体视图"。

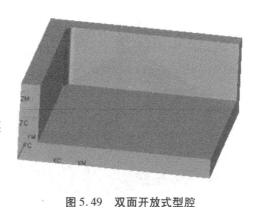

图 5.49　双面开放式型腔

图 5.50　创建平面铣操作

（4）平面铣

执行" 创建操作"→"平面铣"命令，按如图 5.50 所示设置，单击"确定"按钮。

①"部件边界"→"选择"→"边界几何体"→"模式"面→材料侧:"外部"→"选零件底面",再两次单击"确定"按钮；

②"编辑"→"编辑"→"刀位"→"选为 on"（用箭头切换边界到零件的两开放边）；

③边界上移:"编辑"→"平面"（用户定义）→z 轴 z=40；

④毛坯边界:模式选择"面",材料侧选择"内",凸边、凹边选择"相切",选择毛坯的上表面,单击"确定"按钮；

⑤"底面"→"选择"→"零件的底面"；

⑥"切削模式"→"选择"→"跟随工件"；

⑦"步距"→距离设为 2.5 或刀具百分比为 50；

⑧"部件余量"指的是侧面余量 2；

⑨"切削深度"为 5；

⑩"切削参数",余量选项中内外公差分别为 0.03 ；

⑪安全平面的设置:点击"非切削移动"项进入非切削移动对话框,点击"转移/快速"项,在安全设置选项选择"平面",选择零件上表面,偏置距离为 2,单击"确定"按钮。（可不设置）

生成刀具轨迹如图 5.51 所示。因有一个 R5 的倒角,开始为了取大余量,用的是大直径的端铣刀,所以侧壁留余量 2 mm。

（5）精加工

①"创建操作"→"平面铣",选择如图 5.52 所示,单击"确定"按钮；

②"选择曲线/边"→"开边界"→"左偏",选择边（从左边开始选）,两次单击"确定"按钮；

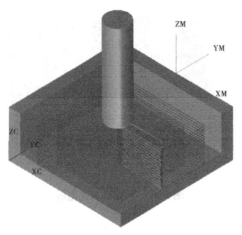

图 5.51 生成的刀具轨迹

图 5.52 创建平面铣操作

③"编辑"→"编辑"→"延长边界"→"起点"→10，"结束点"→95（用箭头切换为结束点）；

④"切削方法"→"配置文件"（轮廓加工）；

⑤"附加刀路"→2；

⑥"切削深度"→2.5。

生成刀具轨迹如图 5.53 所示。

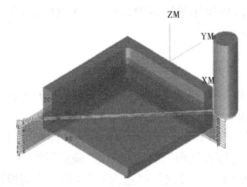

图 5.53 生成的刀具轨迹

【任务评价】

表 5.3 任务实施过程考核评价表

学生姓名		组名		班级		
同组学生姓名						
考评项目		分值	要求	学生自评	小组互评	教师评定
知识准备	识图能力	5	正确性			
	菜单命令	10	正确率、熟练程度			
任务实施	加工思路	10	合理性			
	最佳参数设置	15	正确、合理、全面			
	创建刀具路径	30	正确性、合理性、路径简洁性			
	所遇问题与解决	10	解决问题的方式方法、成功率			
	任务实施过程记录	5	详细性			

续表

考评项目	分值	要求	学生自评	小组互评	教师评定
文明上机	5	卫生情况与纪律			
团队合作、成果展示	10	团队成员相互协作和积极性			
成绩评定	100				
心得体会					
巩固练习	平面铣如图所示的凸凹模内腔、岛屿和两侧的 U 形槽 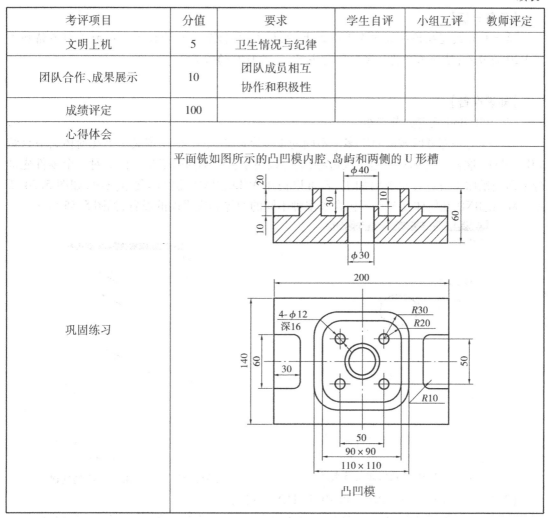 凸凹模				

任务 5.4　单面开放式型腔铣削加工

【任务提出】

当零件的一部分区域需要用多个不同的工步完成加工时,往往定义一个几何父节点组。这样,几何体只需选择一次,就可以用于多个不同的工步。MILL_BND 是几何体父节点组的一个类型,用于平面铣工步。

【任务目标】

创建 MILL_BND 几何体父节点组,在平面铣的多个工步中创建边界、继承部件余量,完成零件的粗加工、半精加工和精加工。

【任务分析】

单面开放式型腔的加工需要 3 个工步:粗加工、半精加工和精加工。粗加工和半精加工用 D20 的刀具;精加工考虑到侧壁圆角半径,选用 D10 的刀具。

【知识准备】

(1) Mill_Bnd 几何父节点组

当零件的一部分区域需要用多个不同的工步完成加工时,往往定义一个几何体父节点组 MILL_BND,这样几何体只创建一次边界,就可以用于多个不同的工步。比如对一个零件先进行平面铣粗加工再进行轮廓精加工,就可以使用 MILL_BND 几何体父节点组,如图 5.54 所示。MILL_BND 几何体父节点组包含了多种不同的边界和底平面的设置,如图 5.55 所示。

图 5.54　MILL_BND 几何体父节点组

图 5.55　MILL_BND 边界的创建

(2) MILL_BND、MILL_AREA 和 MILL_TEXT 的区别

当零件是平面加工时可创建 MILL_BND;当加工大型零件或者复杂零件的时候,可创建 MILL_AREA 限制工步切削区域;对于平面的刻字加工可创建 MILL_TEXT。它们都属于编程时创建的几何父节点组,可以使编程更简单。

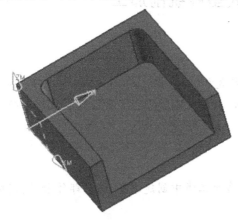

图 5.56　单面开放式型腔

【任务实施】

使用 MILL_BND 几何体父节点组,用平面铣完成单面开放式型腔的粗加工、半精加工和精加工,如图 5.56 所示。

(1)建模

做块参数:100 100 30;

抽壳参数:15;

倒圆角参数:8。

(2)创建刀具(在机床视图下)

D20

D10

（3）创建几何体（在几何视图下）

创建 MILL_BND 几何体父节点组：设置部件边界和毛坯边界（毛坯先在建模中做好，并改变实体透明度，也可使用自动块）。

（4）加工方法设置（余量和公差设置）

粗加工：部件留余量 1 mm。

（5）创建粗加工平面铣操作

在选择 4 个父节点组时，注意和创建的父节点组的统一，特别是几何体父节点组 MILL_BND 的使用；在选择"切削参数"→"空间范围"时，选择使用 2D IPW 处理中的工件（刀具选择 D20）。刀具路径如图 5.57 所示。

（6）创建粗加工平面铣操作

对侧壁剩余余量的加工，关键仍然是几何体父节点组使用 MILL_BND；在选择"切削参数"→"空间范围"时，选择使用 2D IPW 处理中的工件（刀具选择 D20）。刀具路径如图 5.58 所示。

图 5.57　生成的刀具轨迹

（7）创建精加工平面铣操作

对圆角区剩余余量的加工，关键仍然是几何体父节点组使用 MILL_BND；在选择"切削参数"→"空间范围"时，选择使用 2D IPW 处理中的工件（刀具选择 D10）。刀具路径如图 5.59 所示。

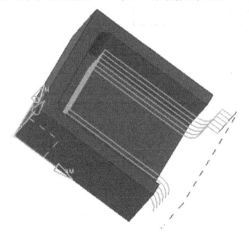

图 5.58　生成的刀具轨迹

图 5.59　生成的刀具轨迹

【任务评价】

表 5.4　任务实施过程考核评价表

学生姓名		组名		班级		
同组 学生姓名						
考评项目		分值	要求	学生自评	小组互评	教师评定
知识准备	识图能力	5	正确性			
	菜单命令	10	正确率 熟练程度			
任务实施	加工思路	10	合理性			
	最佳参数设置	15	正确、合理、全面			
	创建刀具路径	30	正确性、合理性、 路径简洁性			
	所遇问题与解决	10	解决问题的方式 方法、成功率			
	任务实施 过程记录	5	详细性			
文明上机		5	卫生情况与纪律			
团队合作、成果展示		10	团队成员相互 协作和积极性			
成绩评定		100				
心得体会						
巩固练习						

任务 5.5   凹形刻字加工

【任务提出】

生产实际中，经常要在模具的平面上标刻型号，或者在零件的平面上刻图案、花纹和文字等，这就是平面铣的刻字加工。

【任务目标】

掌握用平面铣在平面上实现刻字加工的方法。

【任务分析】

在平面上标刻，这里是凹形花纹或文字。花纹和文字是使用制图注释编辑器所写。

【知识准备】

在制图环境下，取消图纸显示页，以实体模型显示，插入文本，选择字体和大小，放在面上或距离面一定距离处。进入加工环境，创建 MILL_TEXT，指定制图文本，同时指定底面。刀具要小。文本深度指刻字深度，每刀深度指分几刀切削。非切削运动一般采用直线进刀，刀轨简单一些。

切削步距如图 5.60 所示。

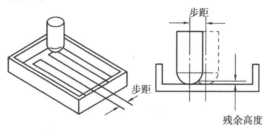

图 5.60   切削步距参数

【任务实施】

在如图 5.61 所示零件的上表面完成凹形刻字加工。

①将坐标系上移到刻字平面上：在建模环境单击"格式"→"WCS"→"原点"，选择上表面（如图 5.61 所示）的点，单击"确定"按钮，将坐标系移到刻字平面。

②进入制图环境：单击"启动"→"制图"。

③显示图纸页： 为开关键，可在图纸和三维模型的工作界面间切换，当前显示三维模型。

④在注释编辑器输入文本：单击图标 **A**，进入注释编辑器，输入文本"同学们好"，在样式里选择字体和文字

图 5.61   凹形刻字加工

大小的设定,在指定位置处把所刻的字放在平面上相应的位置。

⑤进入加工环境:单击"启动"→"加工",在加工环境中选择"Mill_planar"。

⑥在几何视图中给 Workpiece 指定零件:点击导航器中的"几何视图",在部件导航器中点击"MCS_Mill"前面的 +,双击 Workpiece,在指定部件中选择零件,单击"确定"按钮。

⑦创建一把球刀(D0.5R0.25)。

⑧创建几何体:在几何体子类型中选择 A 图标即 MILL_TEXT,单击"应用"按钮,进入铣削文本对话框,指定制图文本选择"零件上所写的字",指定底平面选择"刻字底面",单击"确定"按钮。

⑨创建操作:在工序子类型中选择工序"Planer_text(平面刻字加工)",在选择 4 个父节点时,注意应选择 Workpiece 下的 MILL_TEXT,创建的文本对话框中的参数默认 MILL_TEXT,指定文本深度:1 mm(即刻字深度),每一刀深度:0.25(即分四刀),进刀方式采用直线进刀(刀轨简单),如图 5.62 所示。

⑩生成刀具路径:单击"确定"按钮生成刀具路径,进行实体仿真(毛坯使用自动块),如图 5.63 所示。

图 5.62　平面刻字加工参数设置菜单

图 5.63　生成的刀具路径

【任务评价】

表5.5 任务实施过程考核评价表

学生姓名		组名		班级		
同组学生姓名						
考评项目		分值	要求	学生自评	小组互评	教师评定
知识准备	识图能力	5	正确性			
	菜单命令	10	正确率 熟练程度			
任务实施	加工思路	10	合理性			
	最佳参数设置	15	正确、合理、全面			
	创建刀具路径	30	正确性、合理性、路径简洁性			
	所遇问题与解决	10	解决问题的方式方法、成功率			
	任务实施过程记录	5	详细性			
文明上机		5	卫生情况与纪律			
团队合作、成果展示		10	团队成员相互协作和积极性			
成绩评定		100				
心得体会						
巩固练习						

任务 5.6　多型腔零件加工

【任务提出】

在多型腔零件的加工中,有时对型腔的加工顺序有一定的要求,可在平面铣削参数中进行设置。

【任务目标】

掌握平面铣中多型腔加工。

【任务分析】

对于多型腔铣加工是采用层优先还是深度优先,在非切削运动中根据实际要求设置跟随预钻点。

【知识准备】

多型腔加工,切削顺序选择切削参数中的"跟随预钻点",也可在非切削运动中定义切削顺序。

【任务实施】

用平面铣加工如图 5.64 所示的多型腔零件,型腔的加工具有一定的顺序。

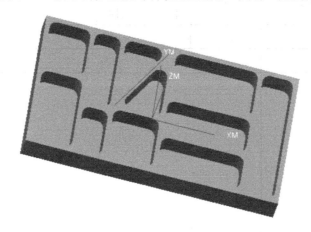

图 5.64　多型腔零件

①创建部件边界:选择上表面和所有槽底面。

②毛坯边界:只选上表面,忽略孔。

③深度(底平面):若不同高,选择最深的底面。

④非切削运动:执行"起点/钻点"→"预钻孔点"→"指定点"命令,添加各面上的点(也就是加工型孔的顺序),如图 5.65 所示。

⑤切削参数:点击菜单中的"连接",切削顺序中的区域排序选择"跟随预钻点",如图

5.66所示。

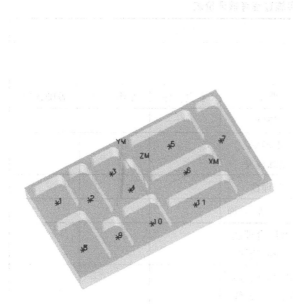

图 5.65　加工型孔预钻孔进刀点的顺序

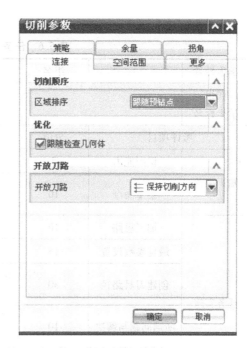

图 5.66　区域顺序选择菜单

⑥执行"非切削运动"→"转移/快速"命令,在安全设置的选项中选择"平面",选择"零件的上表面",输入偏置20。

⑦执行"非切削运动"→"进刀"命令,选择"螺旋进刀";退刀的设置:选择"退刀同进刀",单击"确定"按钮。

⑧切削模式:选择"跟随工件"。

⑨步距:恒定距离设为2.5 或刀具直径的45%。

⑩切削深度:恒定值2 mm。

⑪单击"确定"按钮,生成刀具路径,如图 5.67 所示。

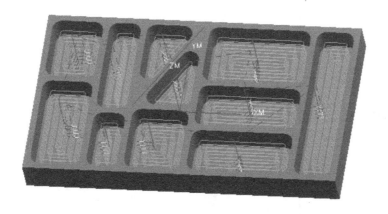

图 5.67　生成的刀具路径

【任务评价】

表5.6 任务实施过程考核评价表

学生姓名			组名		班级	
同组 学生姓名						
考评项目		分值	要求	学生自评	小组互评	教师评定
知识准备	识图能力	5	正确性			
	菜单命令	10	正确率 熟练程度			
任务实施	加工思路	10	合理性			
	最佳参数设置	15	正确、合理、全面			
	创建刀具路径	30	正确性、合理性、 路径简洁性			
	所遇问题与解决	10	解决问题的方式 方法、成功率			
	任务实施 过程记录	5	详细性			
文明上机		5	卫生情况与纪律			
团队合作、成果展示		10	团队成员相互 协作和积极性			
成绩评定		100				
心得体会						
巩固练习						

任务5.7 斜滑块面铣加工

【任务提出】

面铣是一种专用于加工表面几何的模板。此功能是针对工件上的平面做粗加工或精加工而特别设计的。面铣的几何观念与平面铣的几何观念完全一样,它是平面铣的一种特例,可直接选择一个或多个表面来指定要加工的表面几何,或者使用与平面铣相同的选取方式,选取曲线/边缘或一连串的点数据来定义加工的外形边界。每一个选取的表面也代表加工的底平面(Floor),也就是说,每一个选取的表面,除了是加工的零件(Part)表面外,同时也是此面欲加工的底平面。切除的材料厚度是由选取的表面高度沿刀具轴往上计算,对选择的每一个表面,系统都根据其形状自动识别加工区域,保证切削过程顺利进行。一些简单的零件,表面大部分是平面或台阶面,而且表面和台阶面很大,一般采用面铣加工。

【任务目标】

①掌握面铣加工的创建过程和相关参数的设置方法。

②掌握面铣加工刀轴的设置。

【任务分析】

通过对零件模型的分析,依据零件的结构特点,选取零件上的平面进行粗加工或者精加工。

【知识准备】

(1)面铣编程的关键技术

①编程时加工坐标系选择的原则是 X 方向为长尺寸,Y 方向为短尺寸。

②面铣的加工几何是平表面。只选择平表面,系统就能自动地定义铣削范围。

③选择曲线或边界作为加工范围时,要保证加工范围内不能有凸台,否则程序容易造成凸台过切。

④面铣中的侧壁余量一般是默认部件余量,如果想各自定义余量,则选面铣加工的第一个,此时,壁余量与壁几何体配合使用。

⑤面铣加工时,为避免造成侧壁过切,编程时侧壁应设置余量。

⑥面铣模拟时,如果有多个刀路,同时模拟,刀路将互相干涉。为避免干涉,移走非模拟的刀路即可。

(2)面铣的类型

有三个模板提供生成面铣操作,分别为:Face Milling using Cut Area ▨、Face Milling With Boundaries ▨、Face Milling Manual ▨。

①Zig-Zag:以一组平行直线的方式铣削,顺铣和逆铣互相交叉如图 5.68 所示。

②Zig:沿着一个方向切削,刀具在每次切削的结尾处退刀,在每次切削的开始处进刀,如

图 5.69 所示。

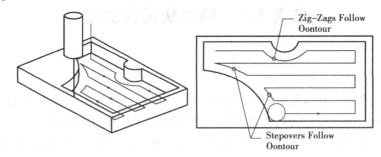

图 5.68 Zig-Zag

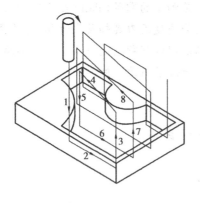

图 5.69 Zig

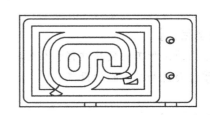

图 5.70 跟随工件

③跟随工件:沿着零件几何体所有轮廓(包括零件的最大轮廓和内部轮廓)进行等距偏置,可以选择顺铣和逆铣,如图 5.70 所示。

④跟随周边:沿着零件几何体和毛坯几何体的最大边界偏置。零件内部的岛屿和型腔需要使用轮廓加工的方式清根,如图 5.71 所示。

⑤轮廓:沿着零件边界单刀路加工,轮廓切削方式通常用于零件侧壁的精加工,如图 5.72 所示。

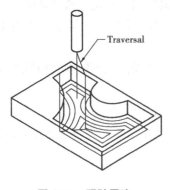

图 5.71 跟随周边

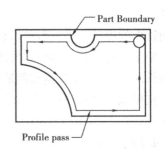

图 5.72 轮廓

⑥标准驱动:与轮廓切削相同,它严格地沿着指定的边界驱动刀具运动,刀轨可以相交,不检查刀具过切,如图 5.73 所示。

⑦摆线走刀:刀具沿着一定的路径滚动切削,刀具轨迹类似展开的弹簧,非常适合于岛屿

间存在狭窄的区域时,步距不得大于摆线宽度的 2/3。同时应注意刀具直径的选择,如果刀具太大则不能生成刀轨,此时应尝试减小刀具直径,摆线加工常用于高速加工如图 5.74 所示。

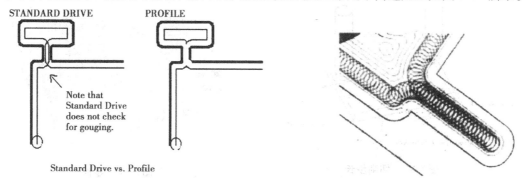

图 5.73　标准驱动和轮廓切削比较　　　　　图 5.74　摆线切削

⑧单向带轮廓铣:用于创建平行的、单向的、沿着轮廓的刀位轨迹,始终维持着顺铣或者逆铣切削,如图 5.75 所示。

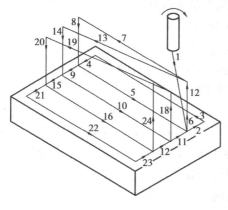

图 5.75　单向带轮廓图

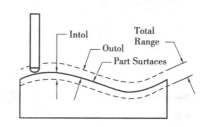

图 5.76　零件的内外公差

(3)零件内外公差

零件内外公差即一个刀具可以使用的从实际零件曲面偏离的可允许范围,值愈小,切削愈精确,产生较光顺的轮廓,但要求更多的处理时间,但不能把两者值设为 0,如图 5.76 所示。

(4)切削步长

切削步长也为步进控制在切削方向上零件刀具位置点间的距离。步长越小,刀轨跟随零件几何体的轮廓越精确。加入的值不能与零件内外公差矛盾,应大于内外公差值,不能设为 0,如图 5.77 所示。

【任务实施】

用面铣加工如图 5.78 所示斜滑块的上表面、倒角面和一侧面。

(1)做部件

①"长方体",输入参数 100,100,40;

②"斜倒角",输入参数 20。

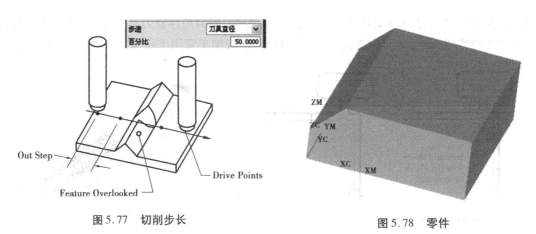

图 5.77　切削步长　　　　　　　　　图 5.78　零件

（2）做毛坯

事先做好毛坯或将要铣的三个面偏置 5（将毛坯颜色改变并隐藏）。

（3）加工

执行"启动"→"加工"命令,进入加工环境,创建四个父节点组：

图 5.79　创建面铣操作

①"创建程序"（过程略）；

②"创建方法"（过程略）；

③"创建刀具"：mill：16 0.4 60 0 0 50（过程略）；

④"创建几何体视图"（过程略）。

（4）面铣

执行"创建操作"→"Face Milling With Boundaries"命令,四个父节点组的选择如图 5.79 所示,单击"确定"按钮,进入面铣对话框,进行参数设置。

①指定面边界：选择"零件顶面",单击"确定"按钮；

②切削模式：选择"双向切削"；

③步进：选择"刀具百分比为 50"；

④毛坯距离：输入 5；

⑤每一刀深度：输入 2。

"切削参数"→"余量"中的"内外公差分别为 0.03"；选择菜单中的"策略",切削角输入 90 或 0,单击"确定"按钮；

安全平面的设置：点击"非切削移动"→"转移/快速"项,在安全设置选项选择"平面",选择零件上表面,偏置距离为 20,单击"确定"按钮。

生成刀具轨迹如图 5.80 所示。

（5）倒角面加工

执行"创建操作"→"面铣"命令,选择相应选项,单击"确定"按钮,进行参数设置：

①指定面边界：选择倒角面；

②切削模式：双向切削；

③步进：刀具百分比为 50；

④毛坯距离：输入 5；

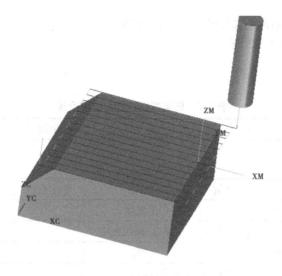

图 5.80　生成的刀具轨迹

⑤每一刀深度:输入 2;

执行"刀轴"→"指定矢量"→"面法向"命令,选择"倒角面",单击"确定"按钮。

⑥安全平面的设置:点击"非切削移动"→"转移/快速"项,在安全设置选项选择"平面",选择零件的倒角面,偏置距离为 20,单击"确定"按钮。

生成刀具轨迹如图 5.81 所示。

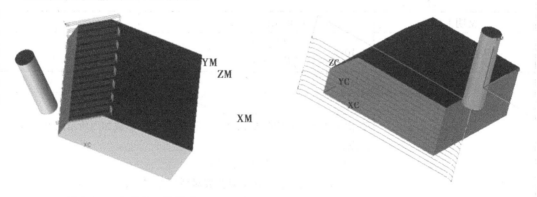

图 5.81　生成的刀具轨迹　　　　　　　　图 5.82　生成的刀具轨迹

(6)侧面加工

执行"创建操作"→"平面铣"命令,选择相应选项,单击"确定"按钮,进行参数设置:

①选择曲线/边→开边界→左偏→选择侧面上底面上的线→编辑→用户自定义→对象平面→选择上表面→确定→确定;

②"编辑"→"编辑"→"延长边界"→"起点"→10;

③结束点→95(用箭头切换为结束点);

④切削方法:选择"配置文件"(轮廓加工);

⑤步进:输入刀具直径百分比为 50;

⑥切深:最大 4;

⑦附加刀路输入 2;

⑧安全平面的设置:点击"非切削移动"→"转移/快速"项,在安全设置选项选择"平面",

选择零件的侧面,偏置距离为20,单击"确定"按钮。

生成刀具轨迹如图5.82所示。

【任务评价】

表5.7　任务实施过程考核评价表

学生姓名		组名		班级	
同组 学生姓名					
考评项目		分值	要求	学生自评	小组互评	教师评定
知识准备	识图能力	5	正确性			
	菜单命令	10	正确率、熟练程度			
任务实施	加工思路	10	合理性			
	最佳参数设置	15	正确、合理、全面			
	创建刀具路径	30	正确性、合理性、 路径简洁性			
	所遇问题与解决	10	解决问题的方式 方法、成功率			
	任务实施 过程记录	5	详细性			
文明上机		5	卫生情况与纪律			
团队合作、成果展示		10	团队成员相互 协作和积极性			
成绩评定		100				
心得体会						
巩固练习		要求零件台阶底下的部分,必须进行面铣切削,生成如图所示的刀具路径。 注意: (1)T_cutter注意参数的设置。 (2)设置参数时,在切削参数对话框中,把底切中的防止底切掉。仿真时,毛坯类型用部件偏置。 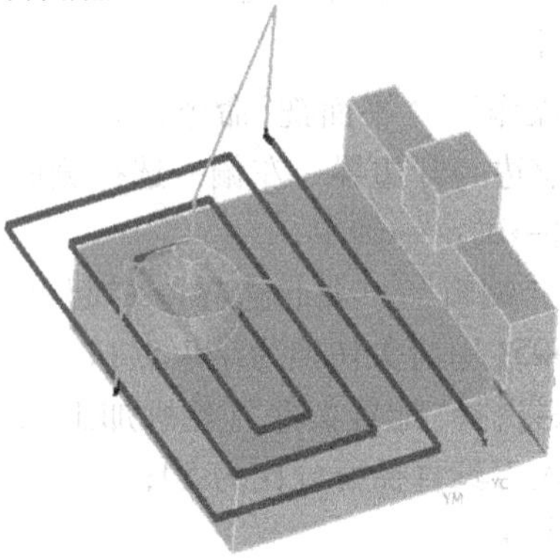 生成的刀具路径				

项目6　型腔铣削加工——型芯、型腔曲面

【项目描述】

①带台型腔铣削加工。

②铸造型芯铣削加工。

③ATM 键盘凸模铣削加工。

④安装盒凸模铣削加工。

【项目目标】

①掌握型腔铣刀具路径的创建。

②掌握型腔铣过程参数的设置。

③掌握型腔铣局部毛坯和毛坯偏置的使用。

④掌握型腔铣的 IPW 使用。

⑤掌握等高外形铣刀具路径的创建。

【能力目标】

①能正确合理地创建型腔铣刀具路径。

②能熟练使用局部毛坯进行零件加工。

③能熟练使用二次毛坯(IPW)完成零件多个工步的加工。

④能正确合理地创建等高外形铣削刀具路径。

任务6.1　带台型腔铣削加工

【任务提出】

型腔铣以固定刀轴快速而高效地粗加工曲面类的几何体。与平面铣加工直壁平底的零件不同的是,型腔铣在每个切削层上都沿着零件的轮廓切削。型腔铣之所以能够加工曲面的侧壁和底面,是因为型腔铣不用边界生成刀轨。型腔铣利用 Solid、表面或曲线定义被加工区域,型腔铣能够识别实体的零件几何体,计算出每个切削层上不同的刀轨形状,所以型腔铣用平面的切削刀路沿着零件的轮廓切削,而不同于平面铣中始终沿着相同的零件边界生成刀轨。型腔铣是两轴联动的操作类型,通常情况下,型腔铣都会留下一些残余材料,如残余高度、台阶状材料等,余量是一层一层的,最好用固定轴或变轴曲面轮廓铣进行精加工,去除这些材料。型腔铣对于曲面类零件的开粗加工,应用非常普遍,模具零件的凸模、凹模的型腔一般都采用型腔铣进行开粗加工。

【任务目标】

①掌握切削层的设置。

②掌握层优先和深度优先参数的使用。
③掌握型腔铣刀具路径的创建。

【任务分析】

通过对零件模型的分析,依据零件的结构特点,进行内腔的型腔铣开粗加工。

【知识准备】

(1)切削层

型腔铣以平面或层的方式切削几何体。为了使型腔铣切削后的余量均匀,可以定义多个切削区间,每个切削区间的每层切削深度可以不同;还可把深度分成几个范围(Range),然后在每个范围里定义不同的切削深度(Depth Per Cut),如图6.1所示。

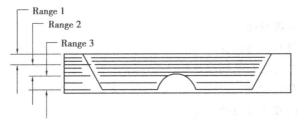

图6.1 定义若干个范围,控制每刀切深,得到需要的疏密程度

切削层深度的确定原则是:越陡峭的面允许越大的切削层深度,当然前提是考虑切削条件允许的条件下;越接近水平的面切削层深度应越小,目的是保证加工后残余材料高度均匀一致,以满足精度要求,如图6.2所示。

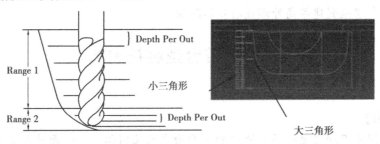

图6.2 不同范围指定不同切削深度大的三角形表示 Range,小的三角形表示 Depth Per Cut

(2)层优先和深度优先

层优先加工方式是以层的方式向下加工,其特点是加工比较安全,但空刀相对较多,如图6.3(a)所示;而深度以深度的方式向下加工,空刀较少,加工效率高,如图6.3(b)所示。实际加工中,为了提高效率,多数情况下使用深度优先的切削顺序。

(3)关于余量的选项

①零件侧壁余量:为零件侧壁添加余量,主要为避免侧壁过切。

②零件底面余量:为零件底面添加余量。

③检查余量:检查几何体余量,刀具离开检查几何体的距离。

④修剪余量:修剪几何体余量,刀具离开修剪几何体的距离。

(a)层优先

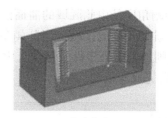
(b)深度优先

图6.3　层优先和深度优先

⑤毛坯余量:毛坯几何体的余量。

⑥毛坯偏置:作用于零件几何体,用于指定铸造余量和锻造余量。

(4)型腔铣和等高外形加工操作子类型(如图6.4所示)

图6.4　Mill_contour 工序子类型

①型腔铣(CAVITY_Mill):型腔铣工序基本子类型,用于零件的粗加工。

②插铣(Plunge_Milling):用于零件的粗铣加工。

③拐角粗加工(CORNER_ROUGH):可使用较小尺寸的刀具加工前一工序中因刀具尺寸较大而在拐角处留下的材料。

④残料加工(Rest_Milling):用于切削粗加工中未切削到的材料,其用法与拐角粗加工相同。

⑤等高轮廓铣(ZLEVEL_PROFILE):以等高层状刀轨加工零件表面,可以加工零件所有表面,也可通过指定切削区域只加工部分表面,还可通过设置切削参数只加工陡峭表面或非陡峭表面。

⑥拐角等高精加工(ZLEVEL_CORNER):可以设置参考刀具和陡峭角度。

零件的陡峭角度是由此区域的曲面法向和刀轴之间的夹角决定的。陡峭区域是陡峭角度大于和等于陡峭角度的区域。当陡峭角度设置为 ON 时,只加工陡峭区域;当陡峭角度设置为 OFF 时,则加工整个零件。精加工大于陡峭角度指定的拐角表面,完成清根加工。

【任务实施】

用型腔铣完成如图 6.5 所示带台型腔腔体的粗加工,零件的单位为英寸。(刀具 mill 的参数为:1 0.2 10 0 0 2)

①执行"创建操作"命令,在创建工序对话框中,类型选择"Mill_contour",子类型选择"Cavity Mill",选择事先创建好的四个父节点组,单击"确定"按钮,进入型腔铣对话框。

图 6.5　带台型腔

②在型腔铣对话框,在切削模式中选择"跟随部件"。

③切削层设置:单击切削层,进入切削层对话框。在范围类型选择"用户自定义",切削层选择"恒定",每刀的公共深度选择"恒定",最大距离输入 0.25,范围的顶部 ZC 值输入 0,将自动产生各范围列表,如图 6.6 所示。可以在范围列表中,对范围 1 的每刀深度进行重新定义,这里选 0.25,范围 1 层设置如图 6.8 所示;选择范围 2,定义每刀深度为 0.1,如图 6.7 所示,多余的范围删除,层设置如图 6.9 所示,单击"确定"按钮。

图 6.6　范围 1 层设置参数

图 6.7　范围 2 层设置参数

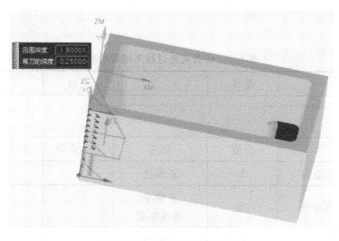

图 6.8　范围 1 层设置结果

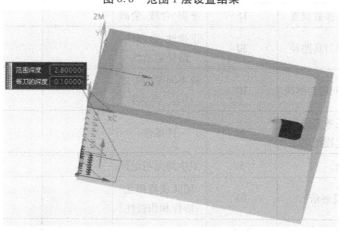

图 6.9　范围 2 层设置结果

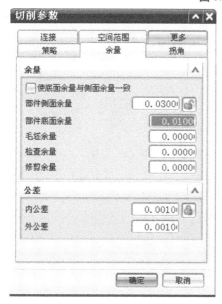

图 6.10　切削参数

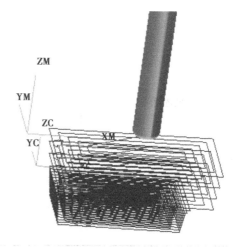

图 6.11　生成的刀具路径

【任务评价】

表6.1 任务实施过程考核评价表

学生姓名			组名		班级		
同组 学生姓名							
考评项目			分值	要求	学生自评	小组互评	教师评定
知识准备	识图能力		5	正确性			
	菜单命令		10	正确率 熟练程度			
任务实施	加工思路		10	合理性			
	最佳参数设置		15	正确、合理、全面			
	创建刀具路径		30	正确性、合理性、 路径简洁性			
	所遇问题与解决		10	解决问题的方式 方法、成功率			
	任务实施 过程记录		5	详细性			
文明上机			5	卫生情况与纪律			
团队合作、成果展示			10	团队成员相互 协作和积极性			
成绩评定			100				
心得体会							
巩固练习							

任务6.2　铸造型芯铣削加工

【任务提出】

在铸造厂大量的铸造型芯,需要进行局部加工,采用型腔铣的局部毛坯就可以解决这个问题。

【任务目标】

①掌握局部毛坯的使用。

②仿真加工时,学会使用毛坯偏置。

③掌握局部毛坯刀具路径的创建。

【任务分析】

铸造型芯先用大毛坯完成整个零件的开粗加工,再用局部毛坯完成型芯局部的精加工。

【知识准备】

(1)毛坯选项

使用局部毛坯和毛坯偏置选项,可以看到,刀具沿着零件的局部轮廓或整个轮廓加工,这是因为设置了毛坯偏置(Blank Distance)的结果,而不用选择其他的几何体作为毛坯几何体,适合于铸件或半成品的加工。

(2)预钻进刀点和切削区域起始点

在控制几何体的点对话框中设置预钻进刀点和切削区域起始点,这两个选项用于控制型腔铣单区域或多区域加工时的进刀位置和刀具切入工件的方向。使用预钻进刀点和切削区域起始点加工时,刀具首先移动到预钻进刀点,到达指定的切削层,然后刀具移动到系统生成的起始点处,开始生成此层其余的刀具路径。

【任务实施】

采用整体毛坯和局部毛坯用型腔铣加工如图6.12所示的铸造型芯。

图6.12　铸造型芯

165

使用型腔铣来粗加工型芯。可以通过多种方法来定义毛坯材料,可以使用毛坯几何体来隔离指定的加工区域,或者通过选择面来指定加工区域。

①使用一个大的毛坯来加工整个型芯区域。这个毛坯在型腔铣对话框里可以不设置,生成的刀具路径如图 6.13 所示。

②使用局部毛坯几何体加工局部区域,事先做好局部毛坯,复制整个型芯加工的工序,只需指定局部毛坯,生成的刀具路径如图 6.14 所示。

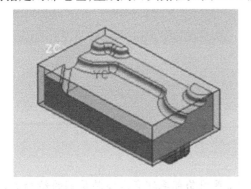
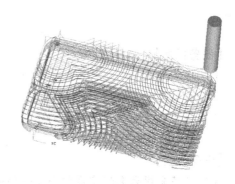

图 6.13　使用一个大的毛坯加工整个型芯区域生成的刀具路径

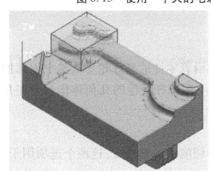

图 6.14　使用局部毛坯生成的刀具路径

【任务评价】

表 6.2　任务实施过程考核评价表

学生姓名			组名		班级	
同组学生姓名						
考评项目			分值	要求	学生自评	小组互评	教师评定
知识准备	识图能力		5	正确性			
	菜单命令		10	正确率熟练程度			

续表

考评项目		分值	要求	学生自评	小组互评	教师评定
任务实施	加工思路	10	合理性			
	最佳参数设置	15	正确、合理、全面			
	创建刀具路径	30	正确性、合理性、路径简洁性			
	所遇问题与解决	10	解决问题的方式方法、成功率			
	任务实施过程记录	5	详细性			
文明上机		5	卫生情况与纪律			
团队合作、成果展示		10	团队成员相互协作和积极性			
成绩评定		100				
心得体会						
巩固练习						

任务 6.3　ATM 键盘凸模铣削加工

【任务提出】

实际加工中,有时需要考虑前一个工步剩余的材料,或者用小刀具仅加工剩余材料,此时可考虑使用过程工件(IPW)。

【任务目标】

①掌握过程工件的定义、用途和优点。

②掌握使用过程毛坯时必须遵循的原则。

③掌握过程毛坯的创建过程。

【任务分析】

对 ATM 键盘的凸模,使用过程毛坯完成粗加工、半精加工和精加工。

【知识准备】

(1)型腔铣的 IPW

每个工步加工后所剩余的材料称为工件的中间过程或 IPW(In—Process Work Piece),它可以作为下一个工步的毛坯。通常,IPW 用于输入到下一个操作的粗加工或精加工。

(2)使用 IPW 的附加条件

①刀轨要按顺序产生,从第一个操作到最后一个操作,都是在同一个几何体组中。

②刀轨必须是成功地产生,并且已经接受的。这样,前一步操作的 IPW 才能用于下一步的操作。

③最初的 IPW 是在 MILL_GEOM 或 WORKPIECE 中定义的毛坯(Blank)。

【任务实施】

如图 6.15 所示,ATM 键盘的凸模模具,在这个任务中,使用 3 种不同大小的刀具加工该模具。首先在 MILL→GEMO 父节点组中定义毛坯几何体,激活并使用 3D IPW,生成刀具路径,然后在后面的工步中使用 IPW 作为毛坯几何体,接着再次使用 IPW 作为最后一个精加工工步的毛坯几何体。

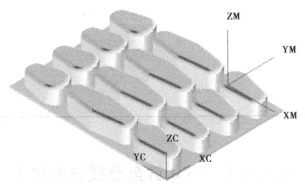

图 6.15 ATM 键盘凸模

①在导航器菜单下选择几何父节点组,如图 6.16 所示。

②在工序导航器中双击 gongbu1 工步。

③在型腔铣对话框设置相关参数:"切削"→"包容"→"处理中的工件"→"使用 3D 工件"→"确定",如图 6.17 所示。

④生成刀具路径,如图 6.18 所示。

图 6.16　操作导航器几何体视图

图 6.17　设置过程毛坯

菜单 IPW 如图 6.19 所示,可以观察过程毛坯 IPW。第一把刀具的 IPW 如图 6.20 所示。后面的两个工步都使用过程毛坯。

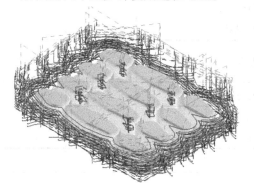

图 6.18　生成的刀具路径

图 6.19　菜单 IPW

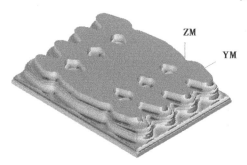

图 6.20　第一把刀具的 IPW

【任务评价】

表 6.3　任务实施过程考核评价表

学生姓名			组名		班级		
同组 学生姓名							
考评项目		分值	要求		学生自评	小组互评	教师评定
知识准备	识图能力	5	正确性				
	菜单命令	10	正确率 熟练程度				
任务实施	加工思路	10	合理性				
	最佳参数设置	15	正确、合理、全面				
	创建刀具路径	30	正确性、合理性、 路径简洁性				
	所遇问题与解决	10	解决问题的方式 方法、成功率				
	任务实施 过程记录	5	详细性				
文明上机		5	卫生情况与纪律				
团队合作、成果展示		10	团队成员相互 协作和积极性				
成绩评定		100					
心得体会							
巩固练习							

任务 6.4　安装盒凸模铣削加工

【任务提出】

对应凸模、型芯实体的陡峭区域,即多深度的轮廓或型腔铣加工不到的区域,适合用等高外形加工。

【任务目标】

①掌握 Z-Level Milling 加工的使用方法。

②掌握创建 Z-Level Milling 加工工步的过程。

【任务分析】

安装盒凸模轮廓属于多深度的曲面,半精加工采用等高外形加工。

【知识准备】

等高外形加工(Z-Level Milling)属于型腔铣中的一种特殊形式,以多深度的轮廓方式半精加工或精加工实体或曲面,具有如下特点:

①属于三轴加工,只能做轮廓精加工。

②切削时刀具始终与零件接触,没有内部进退刀,适合于高速加工。

③编程时必须选择具体的切削区域,可对整个零件或者零件的陡峭区域进行加工,不需定义毛坯,但需定义零件几何体,以防止过切。

【任务实施】

用等高外形加工加工如图 6.21 所示安装盒凸模的陡峭区域。

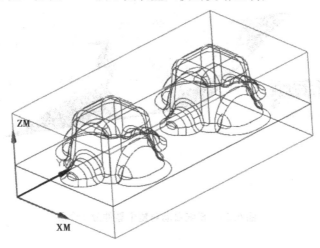

图 6.21　安装盒凸模

①创建一个型腔铣粗加工工步生成的刀具路径,如图 6.22 所示。

②创建一个等高外形加工工步,如图 6.23 所示。

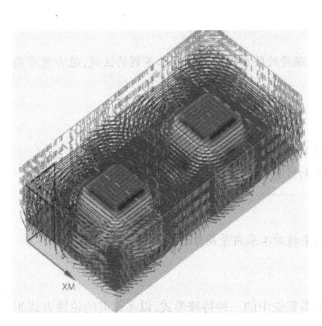

图 6.22　粗加工生成的刀具路径

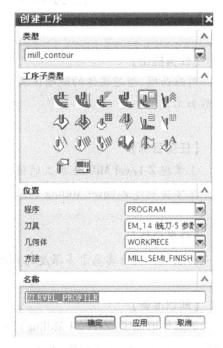

图 6.23　创建等高外形加工工步

③设置等高外形加工相关参数:"切削层"系统自动生成了 2 个切削范围,如图 6.24 所示;选择范围 2,删除范围 2,如图 6.25 所示,"显示"如图 6.26 所示生成了 1 个范围,单击"确定"按钮。

④生成刀具路径,如图 6.27 所示。

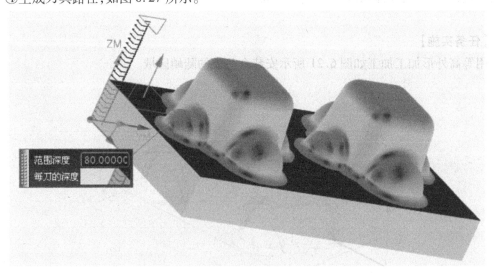

图 6.24　系统自动对整个零件分 2 个层

172

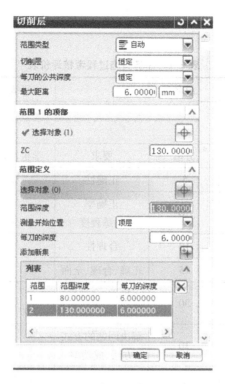

图 6.25　删除范围 2

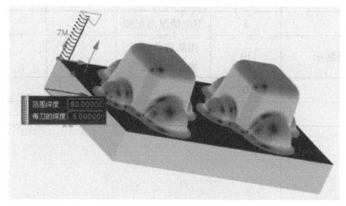

图 6.26　目前切削的 1 个范围

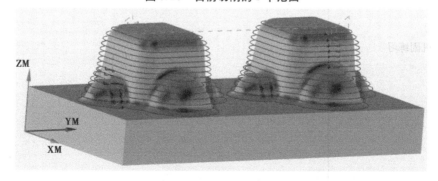

图 6.27　等高外形加工生成的刀具路径

【任务评价】

表 6.4 任务实施过程考核评价表

学生姓名		组名		班级			
同组学生姓名							
考评项目		分值	要求	学生自评	小组互评	教师评定	
知识准备	识图能力	5	正确性				
	菜单命令	10	正确率熟练程度				
任务实施	加工思路	10	合理性				
	最佳参数设置	15	正确、合理、全面				
	创建刀具路径	30	正确性、合理性、路径简洁性				
	所遇问题与解决	10	解决问题的方式方法、成功率				
	任务实施过程记录	5	详细性				
文明上机		5	卫生情况与纪律				
团队合作、成果展示		10	团队成员相互协作和积极性				
成绩评定		100					
心得体会							
巩固练习							

项目 7   固定轴曲面轮廓铣削加工——典型曲面类零件

【项目描述】

固定轴曲面轮廓铣主要用于复杂曲面的半精加工和精加工,它可以精确地沿着几何体的轮廓切削,有效地去除掉多余的材料,常用于型腔铣后的精加工。它通过选择驱动几何体生成驱动点,将驱动点沿着一个指定的投射矢量投影到零件几何体上生成刀位轨迹,并检查生成的刀位轨迹是否过切或超差。如果刀位轨迹满足要求,输出该点,驱动刀具运动,否则放弃该点。针对所加工零件几何体的具体形状和精度要求,在创建固定轴曲面轮廓铣刀具路径时所使用的驱动方法是不同的。我们应学习各种驱动方法的特点和创建过程,并灵活应用在工程实践中。

①垫块避让面铣削加工。

②球形曲面铣削加工。

③凹形曲面、双柱凸模铣削加工。

④壳体曲面、顶件器铣削加工。

⑤柱形定位件铣削加工。

⑥曲面异形凹槽、凸模标刻铣削加工。

⑦侧向滑块铣削加工。

【项目目标】

①熟悉固定轴铣削加工的创建流程和相关参数的设置。

②掌握固定轴铣削加工各种驱动方法的含义和类型。

③掌握创建固定轴铣削加工各种驱动方法的创建参数。

【能力目标】

①能够正确地使用固定轴曲面轮廓铣各种驱动方法。

②能够灵活运用各种驱动方法,完成固定轴曲面轮廓铣刀具路径的创建方法。

③能够针对具体的零件选择正确的驱动方法,生成合理的刀具路径。

任务 7.1   垫块避让面铣削加工

【任务提出】

通过指定曲面的加工区域来完成零件曲面的部分加工。

【任务目标】

①掌握区域驱动方法的运用。

②掌握固定轴曲面轮廓铣区域驱动方法的创建过程。

【任务分析】

通过对零件模型曲面的分析,依据零件的结构特点,选取区域驱动方法进行精加工。

【知识准备】

(1)固定轴曲面轮廓铣术语

1)驱动方法(Drive Mothod)

根据所加工几何体的类型和加工要求的不同选择合适的驱动方法,用于生成刀轨。所有的曲面轮廓铣操作都要选择驱动方法。

2)驱动几何体(Drive Geometry)

驱动几何体用于产生驱动点的几何体。在曲面轮廓铣中,除了定义零件几何体外,还可用驱动几何体进一步引导刀具的运动。

3)非切削运动(Non-cutting Moves)

非切削运动是除了切削运动之外的刀具运动,它不会切削任何材料。

4)固定轴曲面轮廓铣刀轨的生成

先通过驱动几何体生成驱动点,即一次刀轨(驱动点可以从零件几何体的局部或整个几何体上产生,或是与加工不相关的其他几何体上产生);再将一次刀轨沿着投射矢量投影到零件几何体上生成刀位轨迹点,即二次刀轨,同时检查刀位轨迹点是否过切或超差。一次刀轨主要由驱动方法决定,它是数控编程的关键,而二次刀轨由投影矢量、刀具和零件形状决定(必须将一次刀轨沿投影矢量投影到部件上以创建刀轨,投影矢量的选择对于生成高质量的刀轨非常重要),如图7.1所示。驱动方法的选择一方面要根据所加工几何体的类型,如曲线、点、边界、面或体,另一方面要根据刀轨的切削模式,如螺旋状或射线状。

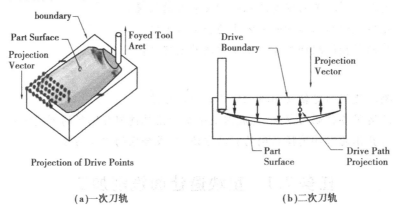

(a)一次刀轨   (b)二次刀轨

图7.1　固定轴曲面轮廓铣刀轨的生成

(2)固定轴曲面轮廓铣各种驱动方式

驱动方式用于定义创建导轨时的驱动点。有些驱动方式沿指定曲线定义一串驱动点,有些驱动方式则在指定的边界内或指定的曲面上定义驱动点阵列。一旦定义了驱动点,即可用来创建刀轨。如未指定部件几何体,则直接从驱动点创建刀轨;若指定了部件几何体,则把驱动点沿投影方向投影到部件几何体上创建刀轨。选择何种驱动方式,与加工零件表面的形状及复杂程度有关。固定轴曲面轮廓铣常见的驱动方式有8种,下面介绍区域切削驱动方法。

区域切削驱动方法全面检查零件几何体,既可以限制切削范围,加工零件的局部区域,也可以加工整个零件几何体,保证了刀轨的精确度,同时避免过切。区域切削驱动方法不需创建边界,因此常替代边界加工。Cut Area 决定了加工的区域。Cut Area 可通过选取面的区域、实体或面来决定。如果 Cut Area 没有指定,则整个 Part 几何被系统默认为加工范围。Area Milling 驱动方式还有一个新的走刀方式:Zig-Zag with Lift。这种方法适合于各种模具的加工,尤其是精锻模模具的叶盆和叶背的加工;还可以用于设置加工区域的角度,包括无、非陡峭和定向陡峭三种方式。

无陡峭区域:不设置加工区域的角度,对选中的所有非直壁曲面进行区域铣削,如图 7.2(a)所示。

非陡峭区域:只对非陡峭角度区域以内的区域进行区域铣削,如图 7.2(b)所示。

定向陡峭区域:只对陡峭角度区域以内的区域进行区域铣削,如图 7.2(c)所示。

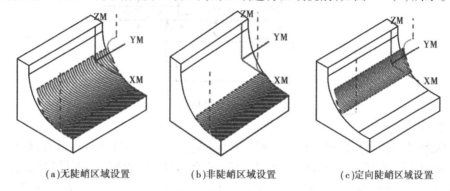

(a)无陡峭区域设置　　(b)非陡峭区域设置　　(c)定向陡峭区域设置

图 7.2　三种加工区域角度设置

(3)铣削加工的其他术语

1)非切削运动

固定轴曲面轮廓铣使用非切削运动来控制刀具不切削零件材料时的各种运动。

刀具的非切削运动共有5种工况,一般采用默认的工况。对默认工况,分别指定5种运动方式,即退刀运动、分离运动、移刀运动、逼近运动和进刀运动(或其中的几个),如图 7.3 所示。

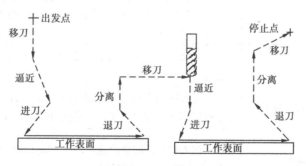

图 7.3　非切削时刀具的安全移动方式

2)避让几何体

避让几何体,如图 7.4 所示。

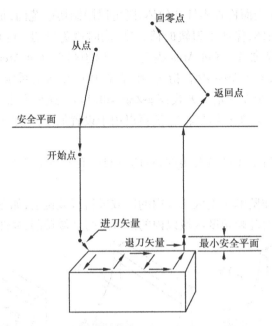

图7.4　避让几何体

3)切削速度

一个完整的切削过程包括快进(Rapid)、接近(Approach)、切削(Cut)、退刀(Retract)以及返回(Return)等运动方式。一般情况下,非切削运动(如快进、返回等)可设置较高的进给速度,而切削速度则应根据零件材料、刀具材料、切削方式、切削深度、加工余量、公差等参数进行设置。

在切削工序对话框中,单击进给率和速度图标 🔧,打开进给率和速度对话框。在对话框中,用户可以根据经验或查阅相关资料确定切削和进给速度;也可以单击 🖉 按钮从表格中重置由系统自动计算。表7.1对各种进给速度进行了说明。

表7.1　各种进给速度及含义

进给速度	含　义
切削速度(Cut)	刀具正常切削进给速度,可根据经验或查阅相关资料确定,或使用 Reset from Table 由系统计算。
快进速度(Rapid)	一般可取较大的值。如果为零,则由机床系统 G00 速度或最大的进给速度代替。
接近速度(Approach)即逼近速度	刀具进入切削前的进给速度,可比 Rapid 速度小些。如果为零,系统则根据不同的切削情况,可能使用 Rapid、Cut 或 Engage 速度代替。
进刀速度(Engage)	刀具进入切削前的进给速度,可比 Approach 和 Cut 速度小些。如果为零,系统则用 Cut 速度代替。

续表

进给速度	含　义
第一刀切削速度(First Cut)	切削进给速度,考虑毛坯的不规则、硬皮等因素,可取比 Cut 速度小些值。一般可使用默认的零值,系统则用 Cut 速度代替。
步距速度(Stepover)	相邻两刀之间的跨越切削速度。如果抬刀跨过,则系统使用 Rapid 速度。一般可使用默认的零值,系统则用 Cut 速度代替。
横越速度(Traversal)即移刀速度	刀具从一个切削区域转到另外一个切削区域时的运动速度,一般可使用默认的零值,系统则用 Rapid 速度代替。
退刀速度(Retract)	刀具离开切削区域的速度,一般可使用默认的零值,系统则用 Rapid 速度代替,但若采用圆弧退刀方式,系统则用 Cut 速度代替。
返回(Return)即离开速度	刀具切削结束后返回 Rerurn Point 点的速度,一般可使用默认的零值,系统则用 Rapid 速度代替。

4)机床控制

机床控制(Machine)用于控制机床动作,如主轴停转、换刀以及冷却液开关等,这些后处理程序命令一旦定义,将输出在刀位文件和 NC 程序中。

【任务实施】

加工如图 7.5 所示垫块的上表面,注意避让面,并对避让面周围清根。

图 7.5　垫块

(1)上表面加工

1)创建操作

设置参数如图 7.6 所示(几何父节点组的创建略),单击"确定"按钮,进入固定轴铣对话框,如图 7.7 所示。

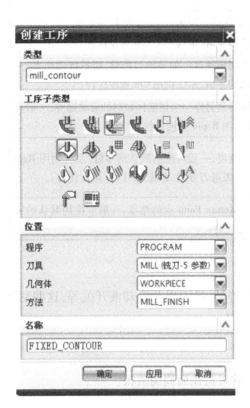

图7.6 创建固定轴铣

图7.7 固定轴铣对话框

2)在固定轴铣对话框进行参数设置

驱动方法设置如图7.8所示:

图7.8 区域铣削参数设置

①"切削模式"→"往复"(Zig-Zag)；

②"驱动方向"→"顺铣"；

③"步距"→"刀具平面直径百分比50"；

④"切削角"→定义切削角与XC方向的夹角为0,单击"确定"按钮。

3)几何体设置

①执行"指定检查"→"选择或编辑检查几何体"→"选压板实体"命令,单击"确定"按钮；

②执行"指定切削区域"→"选择或编辑切削区域几何体"→"选实体上表面"命令,单击"确定"按钮。

4)切削参数设置

"策略"参数设置如图7.9所示；

"多个刀路"参数设置如图7.10所示；

图7.9　策略参数设置

图7.10　多刀路参数设置

"余量"参数设置如图7.11所示；

"安全"参数设置如图7.12所示；

图7.11　余量设置

图7.12　安全参数设置

"更多"参数设置如图 7.13 所示。

图 7.13　更多参数设置

图 7.14　进刀参数设置

5)非切削参数设置

①执行"非切削参数"→"转移/快速"命令,安全设置选项,选择"平面",选压板上表面,输入偏置值 20,单击"确定"按钮。

②在非切削参数对话框选择"进刀"参数,设置如图 7.14 所示。

③在非切削参数对话框选择"退刀"参数,设置如图 7.15 所示。

单击"确定"按钮,生成刀具路径如图 7.16 所示。

图 7.15　退刀参数设置

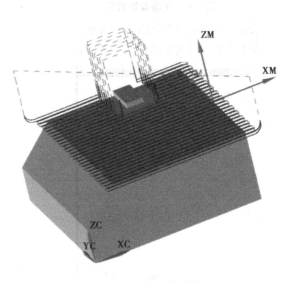

图 7.16　生成刀具路径

（2）倒角面加工

1）复制工序并将工序名进行修改

①在工序导航器中选择第一步创建的工序 Fixed_contour，单击右键，选择复制如图 7.17 所示。

②更改工序名称：在工序导航器中选择复制好的工序，单击右键，选择重命名，输入名字 Fixed_contour2，如图 7.18 所示。

图 7.17　复制工序

图 7.18　工序名称的修改

2）编辑几何体

①删除"指定检查"：进入检查几何体，在添加新集的列表中单击右上角的移除图标，如图 7.19 所示。单击"确定"按钮，如图 7.20 所示。

图 7.19　对检查几何体进行移除

图 7.20　检查几何体移除后列表为空

②编辑"指定切削区域":进入指定切削区域对话框,先在添加新集的列表中对切削区域进行删除,再重新选择"倒角面",单击"确定"按钮。

3)驱动方法的编辑

改变切削角与 XC 的夹角为 90°,单击"确定"按钮。

单击"刀轴"按钮,指定矢量类型,选择"面/平面法向",再选择倒角表面,单击"确定"按钮。

执行"非切削参数"→"转移/快速"命令,安全设置选项,选择"平面",选倒角表面,输入偏置值 20,单击"确定"按钮。

生成刀具路径如图 7.21 所示。

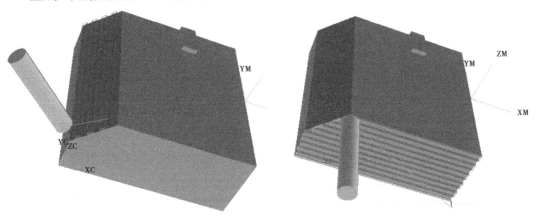

图 7.21　生成刀具路径　　　　　　　　图 7.22　生成刀具路径

(3)侧面加工

生成刀具路径如图 7.22 所示。在这里要注意一般是从上面进刀,而有时进刀点跑到下面,这时除进行前三步的编辑外,还需要进行第四步的设置。

①修改切削区域;

②驱动方法:改变切削角与 XC 的夹角为 90°,单击"确定"按钮;

③单击"刀轴"项,指定矢量类型,选择"面/平面法向",选择侧面,单击"确定"按钮;

④执行"区域铣削"→"切削区域"→"选项"→"定制"→"选择"命令,选择上表面的点,单击"确定"按钮。

(4)平面铣清根

1)创建操作

略。

2)创建边界

执行"指定部件边界"→"选择或编辑部件边界"命令,模式为"曲线(边)",类型为"开边界",材料侧为"左偏"(左选为右偏,右选为左偏),选如图 7.23 所示压板的三条边,两次单击"确定"按钮。

3)边界延伸

执行"选择或编辑部件边界"→"编辑"→"起点"→"延伸"→"距离"命令,设置 2,两次单击"确定"按钮;

执行"选择或编辑部件边界"→"编辑"→"终点"（用箭头切换）→"延伸"→"距离"命令，设置2，两次单击"确定"按钮。

执行"切削方法"→"轮廓切削"命令，再单击"确定"按钮。

生成刀具路径如图7.24所示。

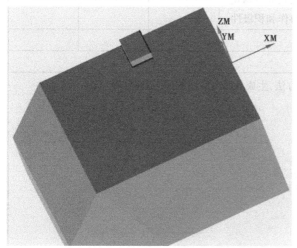

图7.23　边界的选择　　　　　　　图7.24　生成刀具路径

【任务评价】

表7.2　任务实施过程考核评价表

学生姓名		组名		班级		
同组学生姓名						
考评项目		分值	要求	学生自评	小组互评	教师评定
知识准备	识图能力	5	正确性			
	菜单命令	10	正确率熟练程度			
任务实施	加工思路	10	合理性			
	最佳参数设置	15	正确、合理、全面			
	创建刀具路径	30	正确性、合理性、路径简洁性			
	所遇问题与解决	10	解决问题的方式方法、成功率			
	任务实施过程记录	5	详细性			

185

续表

考评项目	分值	要求	学生自评	小组互评	教师评定
文明上机	5	卫生情况与纪律			
团队合作、成果展示	10	团队成员相互协作和积极性			
成绩评定	100				
心得体会					
巩固练习	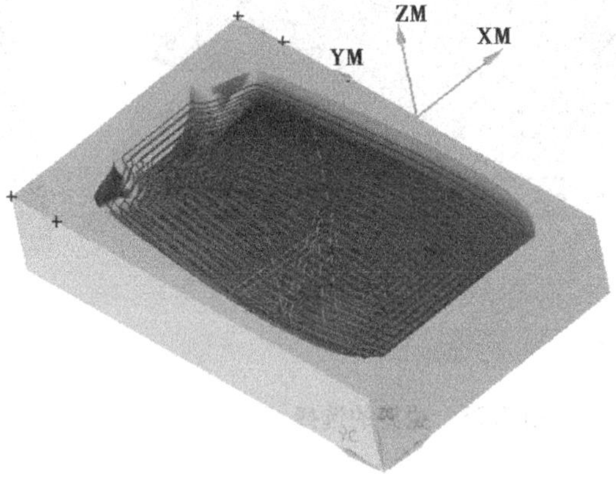	用区域铣削驱动方法,生成如图所示凹模的刀具路径 凹模的刀具路径			

任务 7.2 球形曲面铣削加工

【任务提出】

铣削加工要求载荷平稳、表面质量要求高的旋转形或近似旋转形的表面或表面区域,一般采用螺旋驱动的加工方法。除此之外,这种加工方法也适合高速铣削加工。

【任务目标】

①掌握螺旋驱动方法的特点和适用范围。
②掌握固定轴曲面轮廓铣螺旋驱动方法的创建过程。

【任务分析】

球形曲面属于旋转曲面,表面光顺过渡,表面质量要求高,适合固定轴曲面轮廓铣螺旋驱动方法加工。

【知识准备】

螺旋驱动方式由以指定的中心点,往外以螺旋环绕方式来产生驱动点。驱动点产生在包含指定的中心点且垂直于投影向量的平面上,这些驱动点再被沿着指定的投影向量投影到选取的工件曲面上而产生刀位轨迹。

螺旋驱动方式与其他驱动方式不同之处是:其他驱动方式在由原行进路线进入下一个路径前,须突然改变方向以横向步入下一个路径,因此也造成了切削不连续。而螺旋驱动方式的横向进刀是以滑顺且连续的方式往外移动,因此这种维持固定的切削速度且顺滑移动的驱动方式特别适合于高速切削加工,如图 7.25 所示。

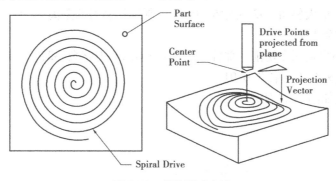

图 7.25　螺旋驱动方法

【任务实施】

用螺旋投影加工,加工如图 7.26 所示的球形曲面,单位为英寸。

(1)建立刀具

MILL:0.4 0.1 3 0 0 2。

(2)驱动方法

执行"螺旋驱动"→"螺旋中心点"→"选择"→"偏置矩形"命令,选择圆弧/椭圆/球中心,选择如图 7.27 所示的圆,Z 坐标偏置为 3,再两次单击"确定"按钮,螺旋中心点创建如图7.27所示。

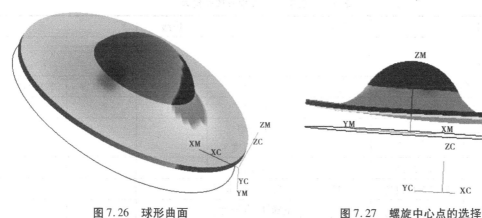

图 7.26　球形曲面　　　　　　　　图 7.27　螺旋中心点的选择

(3)切削时进刀工作状况的设置

①"进刀"→"工况"的设置

在默认对话框状态,选择"进刀"的方式为"移动"和"浅形",创建安全平面。以偏置点的方式创建安全平面:选择点→偏置矩形→选择如图 7.27 所示的图→Z 坐标偏置为 3。此时安全平面已创建并激活,也就是"进刀"的起始位置从安全平面开始,这就是切削时进刀工作状况的设置。

②切削时逼近零件状态的设置

"逼近"→状态:间隙(安全平面);

③切削时,进刀状态的设置

"进刀"→状态:手工的→移动→螺旋状的顺铣(螺旋进刀避免刀子直接扎进去)→半径类型→半径 0.15→最大斜角 →2→距离→0.4(控制螺旋进刀的距离)。

(4)切削参数的设置

"多个刀路"→多重深度切削→部件余量偏置→0.2→刀路数→2;

余量→工件内外公差→各为 0.01。

生成刀具路径如图 7.28 所示。

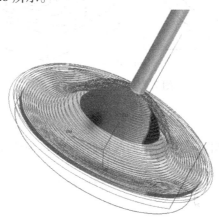

图 7.28　生成刀具路径

【任务评价】

表 7.3　任务实施过程考核评价表

学生姓名		组名		班级	
同组学生姓名					
考评项目		分值	要求	学生自评	小组互评	教师评定
知识准备	识图能力	5	正确性			
	菜单命令	10	正确率熟练程度			
任务实施	加工思路	10	合理性			
	最佳参数设置	15	正确、合理、全面			
	创建刀具路径	30	正确性、合理性、路径简洁性			
	所遇问题与解决	10	解决问题的方式方法、成功率			
	任务实施过程记录	5	详细性			

续表

考评项目	分值	要求	学生自评	小组互评	教师评定
文明上机	5	卫生情况与纪律			
团队合作、成果展示	10	团队成员相互协作和积极性			
成绩评定	100				
心得体会					
巩固练习					

任务7.3 凹形曲面、双柱凸模铣削加工

【任务提出】

用边界驱动方法完成凹形曲面、双柱凸模铣削的精加工。

【任务目标】

①掌握螺边界驱动方法的特点和适用范围。

②掌握固定轴曲面轮廓铣边界驱动方法的创建过程。

【任务分析】

通过简单边界的驱动,完成复杂曲面零件的精加工。

【知识准备】

边界驱动加工通过指定边界和环来定义切削区域,可跟随复杂的零件表面轮廓进行加工。它与平面铣的加工类似,需定义边界,但不同的是边界驱动方式是针对复杂曲面产生精加工的刀路,且效率高,常用于流道类零件的加工,如图7.29所示。

189

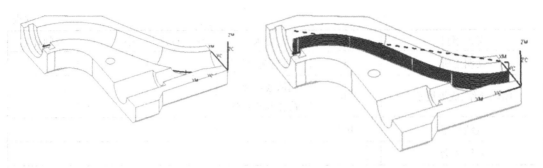

图 7.29   流道类零件边界驱动生成刀具路径

【任务实施】

(1)用边界驱动方法加工如图 7.30 所示凹形曲面(单位为英寸)

图 7.30   凹形曲面

创建操作如图 7.31 所示,刀具参数设置为(MILL 0.4 0.2 3 2)。

驱动方法选择边界如图 7.32 所示,进入边界驱动方法对话框,选择驱动方法为边界驱

图 7.31   创建操作

图 7.32   固定轴铣选择驱动方

动。单击"编辑"按钮,进入边界驱动方法对话框,设置驱动几何体;单击选择或编辑驱动几何体,进入边界几何体对话框:模式选择"曲线/边",类型选择"封闭的",材料侧选择"内部",刀位选择"相切",平面选择"XC-YC",Z=3,单击"确定"按钮;选择如图7.30所示的4条边,两次单击"确定"按钮,生成如图7.33所示的边界。

生成如图7.34所示的刀具路径。

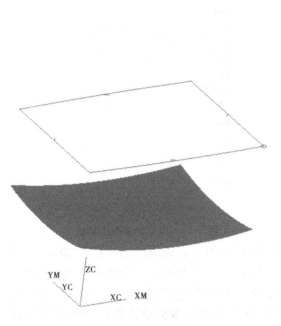

图 7.33 生成的边界

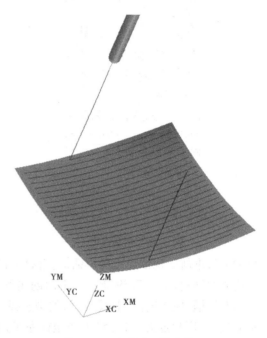

图 7.34 生成的刀具路径

(2)加工如图7.35所示双柱凸模的一部分

使用边界来选择几何体的一部分,生成刀位轨迹。

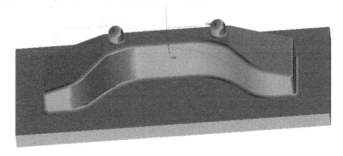

图 7.35 零件

1)创建操作

进入固定轴曲面轮廓铣对话框,设置参数如图7.36所示,单击"确定"按钮,进入固定轴曲面轮廓铣对话框,如图7.37所示。

2)选择驱动方法

选择驱动方法为边界驱动,单击"编辑"按钮,进入边界驱动方法对话框,设置驱动几何体;单击选择或编辑驱动几何体,进入边界几何体对话框:模式选择"曲线/边",类型选择"封闭的",材料侧选择"内部",刀位选择"对中",平面选择"用户定义",选择"工作坐标系平面

图 7.36　创建操作

图 7.37　固定轴曲面轮廓铣

XC-YC",重新出现创建边界对话框,选择如图 7.38 所示的上表面倒圆的所有上边缘。这是上边界的创建,如图 7.39 所示。下面创建下一个边界。选择"创建下一个边界",进入边界几何体对话框:模式选择"曲线/边",类型选择"封闭的",材料侧选择"外部",刀位选择"对中",平面选择"用户定义",选择"工作坐标系平面 XC-YC",重新出现创建边界对话框,选择如图 7.40 所示的上表面倒圆的所有下边缘。这是下边界的创建,如图 7.41 所示。完成两个边界的创建,返回边界驱动对话框。

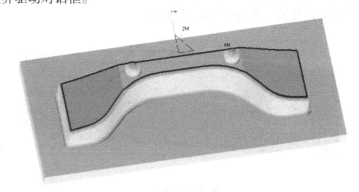

图 7.38　上表面倒圆的所有上边缘

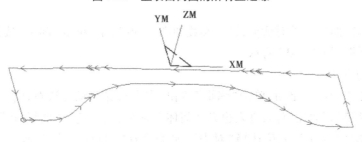

图 7.39　上边界的创建

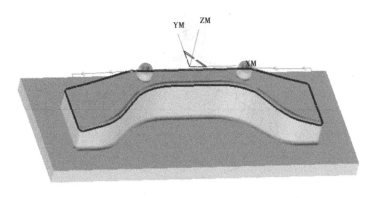

图 7.40　上表面倒圆的所有下边缘

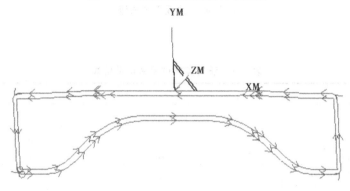

图 7.41　下边界的创建

3）空间范围设置

"部件空间范围":关;"切削方式":跟随周边;"切削方向":向外;"步距":常值 0.05,选择显示驱动轨迹。

生成刀位轨迹如图 7.42 所示。接受本次操作则单击"确定"按钮。

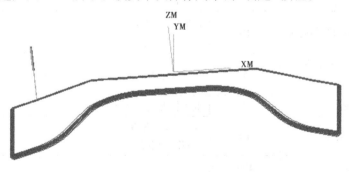

图 7.42　生成刀位轨迹

4）用螺旋线驱动方法加工凸台

螺旋驱动→"螺旋中心点"→选择偏置矩形→选择圆弧/椭圆/球中心→选择上凸台的圆弧→"步进":恒定→"距离":0.1→最大螺旋半径:1.124→显示驱动路径,单击"确定"按钮。

生成刀具路径如图 7.43 所示。

5）创建另一个凸台刀轨

复制上一个刀轨,编辑名称,把螺旋中心更换到另一个凸台中心,重新生成刀轨即可。

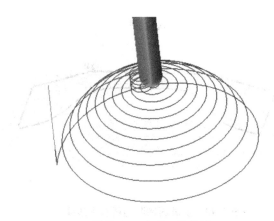

图 7.43　生成刀位轨迹

【任务评价】

表 7.4　任务实施过程考核评价表

学生姓名			组名		班级		
同组 学生姓名							
考评项目		分值	要求	学生自评	小组互评	教师评定	
知识准备	识图能力	5	正确性				
	菜单命令	10	正确率 熟练程度				
任务实施	加工思路	10	合理性				
	最佳参数设置	15	正确、合理、全面				
	创建刀具路径	30	正确性、合理性、 路径简洁性				
	所遇问题与解决	10	解决问题的方式 方法、成功率				
	任务实施 过程记录	5	详细性				
文明上机		5	卫生情况与纪律				
团队合作、成果展示		10	团队成员相互 协作和积极性				
成绩评定		100					
心得体会							
巩固练习							

任务 7.4　壳体曲面、顶件器铣削加工

【任务提出】

对于加工形状复杂的零件表面常用曲面区域驱动方式进行加工。

【任务目标】

①掌握曲面区域驱动方法的特点和适用范围。

②掌握固定轴曲面轮廓铣曲面区域驱动方法的创建过程。

【任务分析】

壳体曲面、顶件器局部复杂曲面的加工常用曲面区域驱动方法。

【知识准备】

曲面区域驱动加工在驱动曲面网格上建立一组点的阵列,利用这些驱动点沿指定的投影方向投影到指定的零件表面上以生成刀轨。它可控制投影向量,使其与驱动面具有相关性。例如:曲面区域可指定投影向量为驱动面的法线方向,可投影出较准的刀位轨迹,一般用于各种复杂曲面的精加工,如图 7.44 所示。

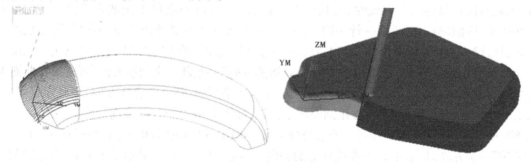

图 7.44　曲面区域驱动

边界投影加工、曲面区域加工和区域铣削三者加工方法的异同点是:边界驱动方式有很多地方与平面铣的工作类似,需定义边界,但不同的是边界驱动方式是针对复杂曲面产生精加工的刀路。边界驱动方式也像曲面区域加工一样,在涵盖的区域内产生数组的驱动点,但一般而言,在边界内定义驱动点,比在选取的驱动面上产生驱动点要迅速且容易得多。但边界驱动方式无法控制投影向量,使其与驱动面具有相关性,曲面区域的驱动方式则可以。

例如:曲面区域可指定投影向量为驱动面的法线方向,此种投影方式在同时含有陡峭面与平坦面的零件上可投影出较准的刀位轨迹。区域铣削属于利用定义边界外形以产生驱动点的方式,因此,它与边界投影加工有相类似的功能。但是区域铣削不需要定义边界几何体,它是根据所选工件的最大外形作为其加工的边界,因此尽可能使用区域铣削功能以替代边界加工。

【任务实施】

（1）加工如图 7.45 所示壳体曲面

用曲面区域驱动方法进行加工，局部曲面区域驱动方法加工和刀具离开驱动面的加工，单位为英寸（注意刀具 MILL 1 0.5 3 0 0 2 球头刀）。

图 7.45 零件

该零件的曲面由五组曲面组成，每一组曲面又由 4 个曲面片组成，如 I 组曲面由 1,2,3,4 曲面片组成，II 组曲面由 5,6,7,8 曲面片组成，如图 7.46 所示。同理，III，IV，V 也遵循这样的规律，III 组曲面由 9,10,11,12 曲面片组成；IV 组曲面由 13,14,15,16 曲面片组成，V 组曲面由 17,18,19,20 曲面片组成，图上不再标出。

①"创建操作"：略。

②"驱动方式"→"曲面区域"→"驱动几何体"→"刀位选择相切"（注意：当不选择零件面，刀轨直接在驱动面上生成时，刀具位置应设置为相切）→选择 I 组曲面 1,2,3,4（如图 7.46所示，后面同）→选择下一行→同样的顺序选择 II 组曲面的 5,6,7,8→选择 III 组曲面的 9,10,11,12→选择 IV 组曲面的 13,14,15,16→选择 V 组曲面的 17,18,19,20→"确定"→出现两个锥形箭头如图 7.47→"刀位"→相切→"切削方向"→重新定义切削方向，可选择在曲面 4 个角成对显示的箭头之一来重新定义切削方向，锥形箭头不但定义切削方向，而且定义了首刀的起始位置，选择锥形箭头，被用圆圈作了标记，如图 7.48 所示→"步进"数字→第一刀切削 80→最后一刀切削 80→步进→残余波峰高度→0.01→水平限制 0→垂直极限 0→"投影矢量刀轴"→显示驱动点（驱动点在曲面上的法向）→显示驱动路径（显示了生成的刀具路径）。

生成刀具路径如图 7.49 所示。

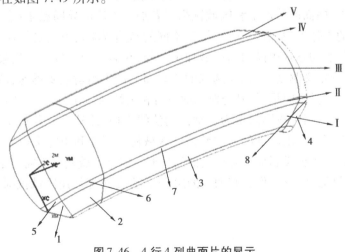

图 7.46 4 行 4 列曲面片的显示

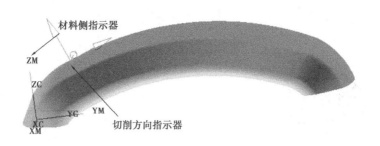

图 7.47　指示器

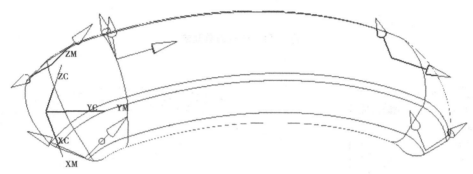

图 7.48　切削方向的选择

图 7.49　生成刀具路径

③更改曲面的切削范围。

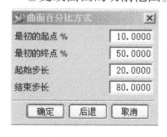

图 7.50　曲面百分比对话框

执行"曲面区域"→"切削区域"命令,曲面百分比参数设置如图 7.50 所示,再两次单击"确定"按钮。

最初的起点% :第一条轨迹上驱动点的起始位置。

最初的终点% :第一条轨迹上驱动点的结束位置。

起始步长:沿着第一个步距方向的距离。

结束步长:沿着最后一个步距方向的距离。

生成刀具轨迹如图 7.51 所示。

④更改曲面百分比,使刀具离开驱动面。

执行"曲面区域"→"切削区域"命令,曲面百分比参数设置如图 7.52 所示,两次单击"确定"按钮。

生成刀具轨迹如图 7.53 所示。

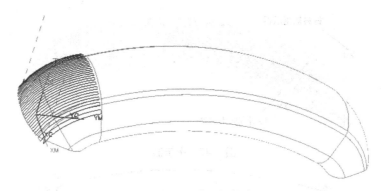

图 7.51　生成刀具轨迹

图 7.52　曲面百分比对话框

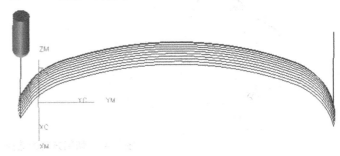

图 7.53　生成刀具轨迹

（2）加工如图 7.54 所示顶件器

使用曲面区域铣削进行局部曲面精加工,方法同上。选择曲面的顺序如图 7.54 所示,曲面区域铣削刀具路径如图 7.55 所示。

图 7.54　顶件器

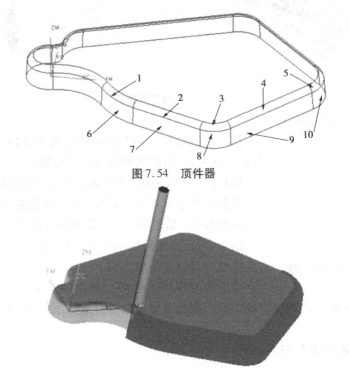

图 7.55　曲面区域铣削刀具路径

【任务评价】

表 7.5　任务实施过程考核评价表

学生姓名		组名		班级	
同组 学生姓名					
考评项目		分值	要求	学生自评	小组互评	教师评定

考评项目		分值	要求	学生自评	小组互评	教师评定
知识准备	识图能力	5	正确性			
	菜单命令	10	正确率 熟练程度			
任务实施	加工思路	10	合理性			
	最佳参数设置	15	正确、合理、全面			
	创建刀具路径	30	正确性、合理性、 路径简洁性			
	所遇问题与解决	10	解决问题的方式 方法、成功率			
	任务实施 过程记录	5	详细性			
文明上机		5	卫生情况与纪律			
团队合作、成果展示		10	团队成员相互 协作和积极性			
成绩评定		100				
心得体会						
巩固练习						

任务 7.5　柱形定位件铣削加工

【任务提出】

沿着已有的刀具位置源文件(.CLS),定义的刀位点作为驱动点,生成曲面轮廓的刀具轨迹。

【任务目标】

①掌握刀位轨迹驱动方法的特点和适用范围。
②掌握固定轴曲面轮廓铣刀位轨迹驱动方法的创建过程。

【任务分析】

对柱形定位件头部进行刀位轨迹投影加工。

【知识准备】

刀位轨迹投影加工,即根据已存在的刀具位置源文件的刀位轨迹,作为驱动点,投影至目前欲加工的零件曲面上,以产生新的刀位轨迹。使用这种驱动方式,必须有刀具位置原始文件(.CLS)。

【任务实施】

加工如图 7.56 所示柱形定位件头部,用刀位轨迹投影方法进行加工。(注意:刀具 MILL 6 3 75 0 0 50,即 R3 刀子)

图 7.56　柱形定位件

"创建操作":略。

执行"驱动方法"→"刀轨"命令,选择如图 7.57 所示的 4-12.cls 刀轨源文件,刀位驱动方式对话框中选 FIXED—CONTOUR,单击"确定"按钮,几何体选择整个部件,单击"确定"按钮。

图 7.57　选择 4-12.cls 刀位轨迹原文件

生成如图 7.58 所示的刀具路径。

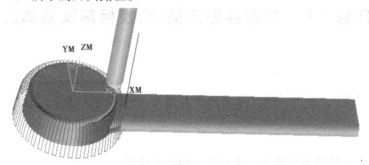

图 7.58　生成的刀具路径

【任务评价】

表 7.6　任务实施过程考核评价表

学生姓名			组名		班级		
同组 学生姓名							
考评项目		分值	要求	学生自评	小组互评	教师评定	
知识准备	识图能力	5	正确性				
	菜单命令	10	正确率 熟练程度				
任务实施	加工思路	10	合理性				
	最佳参数设置	15	正确、合理、全面				
	创建刀具路径	30	正确性、合理性、 路径简洁性				
	所遇问题与解决	10	解决问题的方式 方法、成功率				
	任务实施 过程记录	5	详细性				
文明上机		5	卫生情况与纪律				
团队合作、成果展示		10	团队成员相互 协作和积极性				
成绩评定		100					
心得体会							
巩固练习							

任务 7.6　曲面异形凹槽、凸模标刻铣削加工

【任务提出】

用曲线/点投影加工驱动方法完成曲面异形凹槽、凸模标刻加工。

【任务目标】

①掌握曲线/点投影加工驱动方法的特点和适用范围。

②掌握固定轴曲面轮廓铣曲线/点投影加工驱动方法的创建过程。

【任务分析】

曲面异形凹槽加工,用球形刀直接带出;凸模标刻加工,一定要将所有标刻曲线选中。

【知识准备】

沿曲线/点投影加工,这种驱动方式通过指定数据或选取的曲线,定义驱动几何体,适合于模具上的刻字加工或狭窄异形槽的加工,如图 7.59 所示。

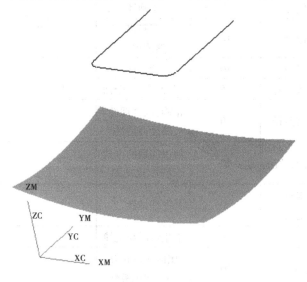

图 7.59　加工沿着 U 形线加工

【任务实施】

加工如图 7.60 所示曲面异形凹槽,用沿曲线/点投影方法进行加工,单位为英寸。(注意:刀具 MILL 0.4 0.2 3 0 0 1)。

①"创建操作":略。

②执行"驱动方法"→"曲线/点"命令,选择如图 7.61 所示曲线并出现如图所示法线方向,再两次单击"确定"按钮。

生成如图 7.62 所示的刀具路径。

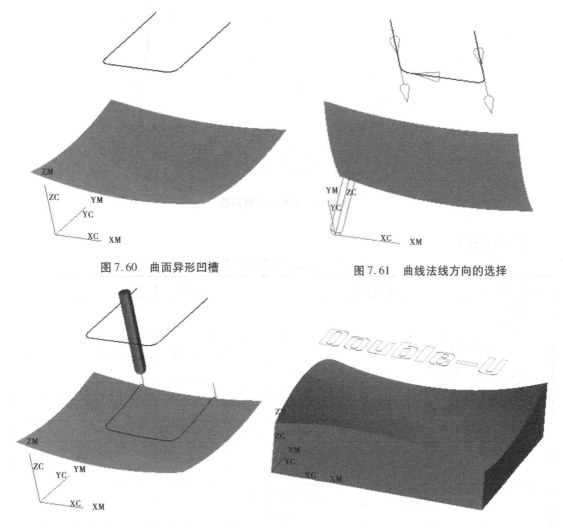

图 7.60　曲面异形凹槽　　　　　　　　图 7.61　曲线法线方向的选择

图 7.62　生成的刀具路径　　　　　　　　图 7.63　凸模

对如图 7.63 所示凸模,用沿曲线/点投影方法进行标刻加工,单位为英寸。(注意:刀具 MILL 1 0.5 75 0 0 50,即 R05 刀子)。

①"创建操作":略。

②执行"选择"→"部件"命令,选工件实体。

③执行"驱动方法"→"曲线/点"→"切削步长"命令,选公差:公差 0.01,"驱动几何体": 勾选局部抬刀直至结束,几何类型:选曲线成链→选连接线起始线,选连接线终止线,依续选取直到所有曲线选完,两次单击"确定"按钮。

④"切削"→"工件余量"→0.5,部件内公差、部件外公差、工件余量及工件余量补偿分别为 0.01、0.01、-0.5 和 0,再单击"确定"按钮。

生成如图 7.64 所示的刀具路径。

注意:选取曲线时一定要把所有曲线都选中,最好先用显示驱动路径观察刀具路径。

图 7.64　生成的刀具路径

【任务评价】

表 7.7　任务实施过程考核评价表

学生姓名			组名		班级		
同组 学生姓名							
考评项目			分值	要求	学生自评	小组互评	教师评定
知识准备	识图能力		5	正确性			
	菜单命令		10	正确率熟练程度			
任务实施	加工思路		10	合理性			
	最佳参数设置		15	正确、合理、全面			
	创建刀具路径		30	正确性、合理性、 路径简洁性			
	所遇问题与解决		10	解决问题的方式 方法、成功率			
	任务实施 过程记录		5	详细性			
文明上机			5	卫生情况与纪律			
团队合作、成果展示			10	团队成员相互 协作和积极性			
成绩评定			100				
心得体会							
巩固练习							

任务 7.7　侧向滑块铣削加工

【任务提出】

创建侧向滑块的斜面内腔清根加工。

【任务目标】

①掌握径向切削驱动方法的特点和适用范围。

②掌握固定轴曲面轮廓铣径向切削驱动方法的创建过程。

【任务分析】

属于清根加工。

【知识准备】

径向切削驱动是通过指定横向进给量、带宽与切削方法，沿给定边界方向并垂直于边界生成驱动路径，一般用于清根操作，如图 7.65 所示。

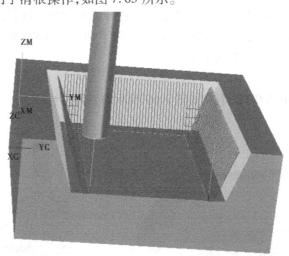

图 7.65　径向切削驱动生成的刀具路径

【任务实施】

加工如图 7.66 所示的侧向滑块。侧向滑块的加工分三步：型腔铣、射线状切削加工和清根切削。

（1）型腔铣

"刀具"：MILL 0 0 75 0 0 50，即平底刀或清根刀。

"切削方法"：跟随工件→步距→50→每刀切深→2。

"切削"：向内。

"避让"：安全平面→指定→Z = 10

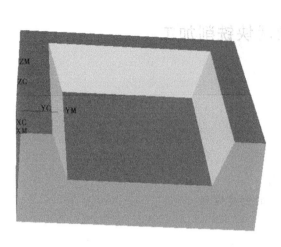

图 7.66　零件

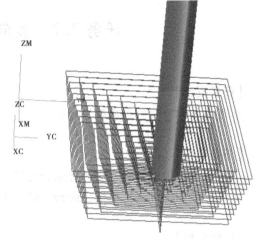

图 7.67　型腔铣刀具路径

从点→偏置矩形→20,0,30

生成如图 7.67 所示的刀具路径。

(2)径向线切削加工

刀具 MILL1 10 0.8 75 0 0 50。

执行"径向切削"→"驱动几何体"→"选择"→"开边界"命令,选择如图 7.68 所示的三条边,带宽:材料侧 7,另一侧 3;切削类型:ZIG(从上往下加工用单向切削好,不能用双向);步距:15。生成如图 7.68 所示的刀具路径。

(3)清根切削

刀具 MILL2 10 5 49 0 0 12,生成如图 7.69 所示的刀具路径。

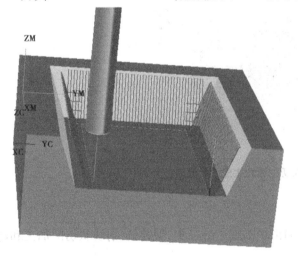

图 7.68　径向线切削刀具路径

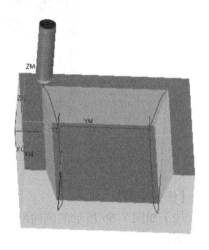

图 7.69　清根切削刀具路径

【任务评价】

表7.8　任务实施过程考核评价表

学生姓名			组名		班级	
同组 学生姓名						
考评项目		分值	要求	学生自评	小组互评	教师评定
知识准备	识图能力	5	正确性			
	菜单命令	10	正确率 熟练程度			
任务实施	加工思路	10	合理性			
	最佳参数设置	15	正确、合理、全面			
	创建刀具路径	30	正确性、合理性、 路径简洁性			
	所遇问题与解决	10	解决问题的方式 方法、成功率			
	任务实施 过程记录	5	详细性			
文明上机		5	卫生情况与纪律			
团队合作、成果展示		10	团队成员相互 协作和积极性			
成绩评定		100				
心得体会						
巩固练习						

项目 8　多轴铣削加工——复杂曲面类零件

【项目描述】

①凹模、B 斜角零件的铣削加工。

②圆柱侧面凹槽的铣削加工。

【项目目标】

①掌握顺序曲面铣三轴加工。

②了解顺序曲面铣五轴加工。

③了解可变轴曲面轮廓铣。

【能力目标】

能够创建顺序曲面铣 3 轴加工刀具路径。

任务 8.1　凹模、B 斜角零件加工

【任务提出】

顺序曲面铣主要用于复杂曲面的交线加工,有三轴加工和五轴加工。这种加工方法由驱动曲面、零件曲面、检查曲面分别来引导刀轴、引导刀头以及控制刀轴以改变方向。它可以精确地沿着几何体的交线切削,有效地去除掉多余的材料。

【任务目标】

①掌握顺序曲面铣的特点和使用范围。

②掌握顺序曲面铣的相关参数。

③掌握三轴顺序曲面铣的创建。

【任务分析】

实现复杂曲面零件交线的精加工。

【知识准备】

(1)顺序曲面铣

顺序曲面铣的主要参数如表 8.1 所示。

表8.1 顺序曲面铣的主要参数

序 号	参 数	意 义
1	Drive surfaces 驱动曲面	引导刀轴的曲面
	Part surfaces 零件曲面	引导刀头的曲面
	Check surfaces 检查面	使刀轴改变方向的面
2	Far side	进刀方向和面的法矢相同
	Near side	进刀方向和面的法矢相反
	Ds-Cs Tangency（相切）	两面之间的拓扑关系是相切
3	Position	设置参考点来观察整个加工过程

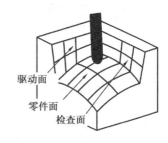

如图8.1所示,顺序曲面铣刀具与零件面、驱动面和检查面相接触。刀具底部沿着零件面运动,刀具侧刃沿着驱动面运动,直到刀具接触刀检查面为止。

（2）停止位置设置

在指定零件几何体、驱动几何体和检查几何体之前,必须指明刀具相对于所指定几何体的停止位置。共有4种可能的选项,如表8.2所示。

图8.1 刀具与各个面的接触

表8.2 刀具相对于所指定几何体的停止位置

序 号	参 数	意 义
1	Far side 近侧	进刀方向和面的法矢相同
2	Near side 远侧	进刀方向和面的法矢相反
3	Ds-Cs Tangency 驱动面和检查面相切 Ps-Cs Tangency 零件面和检查面相切	两面之间的拓扑关系是相切

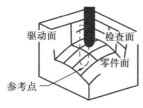

图8.2 参考点

（3）参考点

最初必须指定刀具的参考点位置,用来确定刀具在零件几何体、驱动几何体和检查几何体的那一侧。刀具不会移动到参考点,而这一点只用来建立零件几何的方向。一旦指定了参考点,就能确定刀具的起始位置,如图8.2所示。

（4）顺序曲面铣刀具路径设置过程

顺序曲面铣刀具路径设置过程比较复杂,需要设置的参数比较多。为了能够顺利生成刀具路径,把它的设置过程总结为6步:

1）基本参数设置（菜单如图8.3所示）

①给曲面设置内外公差;

②给所有驱动面和零件面加入余量;

③指定进退刀的安全距离;

④在适当的地方加入拐角控制;

⑤刀轨生成,确定每一个子操作是否输出刀轨;

⑥多轴输出控制刀具轴的输出。

图 8.3　基本参数设置

图 8.4　生成的刀具路径

2)指定进刀运动(菜单如图 8.4 所示)

①进刀方式的设置;

②参考点的设置;

③几何体的设置;

④刀轴的设置。

3)指定连续刀轨运动(菜单如图 8.5 所示)

进刀接近零件后,刀具的动作由一系列的连续刀轨运动(CPM)子操作完成。

①指定刀具的方向;

②指定驱动面和部件表面;

③检查曲面的指定和数目。

4)在刀轨末端指定点到点运动

点到点运动对话框可以创建线性非切削运动,它用来使刀具很快地运动到另一个进行连续刀轨运动的位置,如图 8.6 所示。

5)指定退刀运动

退刀运动可以使刀具从零件无切削地运动到安全平面或者到某一个定义的退刀点,如图 8.7 所示。

6)循环和嵌套循环的设置

循环是原始刀轨的拷贝,能够重复去除多余的余量。嵌套循环是指驱动面循环和零件面循环。如图 8.8 所示,在水平方向和垂直方向进行多层切削。循环功能在所有运动对话框中都会有进刀、退刀、连续刀轨或者点到点运动。

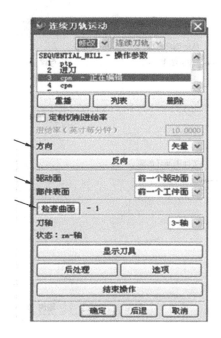

图 8.5　指定连续刀轨运动

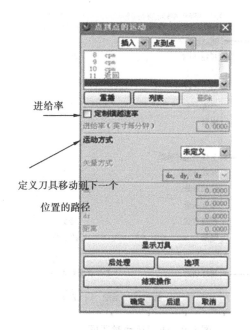

图 8.6　在刀轨末端,指定点到点位置

图 8.7　指定退刀运动

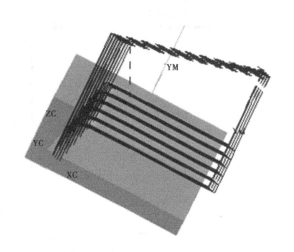

图 8.8　循环和嵌套循环的设置

循环和嵌套循环的设置:

①进刀运动对话框→选项→循环控制→循环控制参数设置,设置完驱动面参数、零件面参数和排样状态后,确定 3 次,如图 8.9 所示;

②连续刀轨运动对话框→选项→循环控制→循环控制参数设置,设置完驱动面参数和零件面参数,确定多次,直到出现退刀运动对话框,如图 8.10 所示;

③退刀运动对话框→选项→循环控制→循环控制参数设置,设置完驱动面参数、零件面参数,确定 3 次,如图 8.11(a)所示;

④在循环调试选项中,多次确定生成刀轨,最后结束操作,如图 8.11(b)所示。

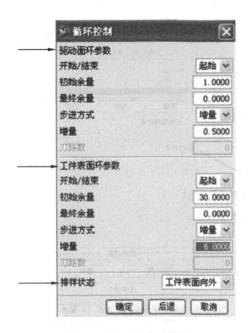

图 8.9 进刀运动对话框

图 8.10 连续刀轨运动对话框

(a)退刀运动对话框

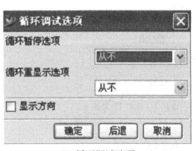

(b)循环调试选项

图 8.11

【任务实施】

(1)精加工如图 8.12 所示的凹模腔部

这个零件属于交线加工,用三轴的顺序曲面铣进行加工,单位为英寸。

①"创建操作"→"类型"→"多轴加工"→"子类型"→"顺序铣"。

注意:刀具 EM.500.BALL 0.5 0.25 1.5 0 0 1.25 4。

②"避让几何体"→"安全平面"→选择零件上表面→Z=2→"确定"→"确定"→"确定"。

图 8.12　凹模

③"进刀方式"→"方法"→"仅矢量"→I 1 J 0 K-1→"确定"→"确定"。

④"参考点"→"位置"→点→1,0,3→"确定"→"确定"。

⑤"刀轴"→"3 轴"。

⑥"几何体"→"驱动"→选择图 8.13 所示的驱动面→停止位置→近侧→部件→选择图 8.13 所示的部件面→停止位置→近侧→检查→选择图 8.13 所示的检查面→停止位置→近侧→"确定"→"确定"(出现进刀方向)。

⑦"检查几何体"→"停止位置"→"驱动面－检查面相切"→1 面→"确定"→"确定";

"检查几何体"→"停止位置"→"驱动面－检查面相切"→2 面→"确定"→"确定";

"检查几何体→"停止位置"→驱动面－检查面相切→3 面→"确定"→"确定";

"检查几何体→"停止位置"→"近侧"→4 面→"确定"→"确定";

"检查几何体"→"停止位置"→"近侧"→5 面→"确定"→"确定";

"检查几何体"→"停止位置"→"远端侧"→6 面—"确定"→"确定";

"检查几何体"→"停止位置"→"近侧"→7 面—"确定"→"确定";

"检查几何体"→"停止位置"→"驱动面－检查面相切"→8 面—"确定"→"确定";

"检查几何体"→"停止位置"→"驱动面－检查面相切"→9 面—"确定"→"确定";

"检查几何体"→"停止位置"→"驱动面－检查面相切"→10 面→"确定"→"确定";

"检查几何体"→"停止位置"→"驱动面－检查面相切"→11 面→"确定"→"确定";

"检查几何体→"停止位置"→"远端侧"→12 面—"确定"→"确定"选择图 8.13 所示的 1—12 的所有面。

⑧"对刀"→"对刀方法"→"仅矢量"→0,0,1→"确定"→"确定"产生图 8.14 所示的刀具路径。

⑨"结束操作"→"编辑显示选项"→"刀轨显示"→3D→"刀轨颜色"→"轮廓线"→"确定"→"确定",生成如图 8.15 所示的 3D 刀具路径。

(2)加工如图 8.16 所示的 B 斜角零件

这个零件先用型腔铣进行粗加工,用五轴的顺序曲面铣进行精加工。

①"长方体"→100,100,40→"外壳"→选可见的三边→厚度 10→"边倒圆"→20→"拔模角"→选择上表面→选择下表面→选择与上下面相切的面→输入拔模角-15→"确定"。

213

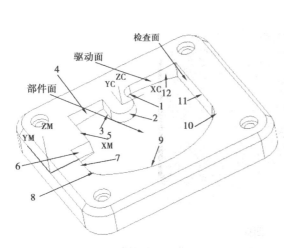

图 8.13　零件选择面

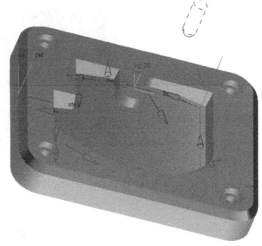

图 8.14　生成的 2D 刀具路径

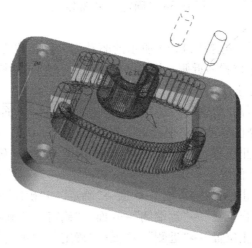

图 8.15　生成的 3D 刀具路径

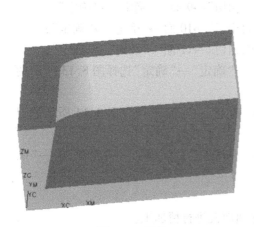

图 8.16　零件

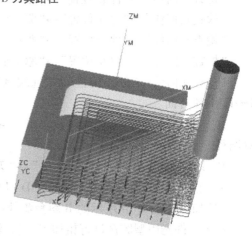

图 8.17　第一个刀路型腔铣

②"做毛坯"→"长方体"→"对角线法"。

③设置两把刀具。

　　　　MILL:15 1 60　平底刀;

　　　　MILL—R5:8 4 60　球头刀。

④建立坐标系和工件。

⑤"型腔铣"→"选择部件"→MILL→每刀切深→3→"确定"→"确定",即生成如图8.17所示的刀路。

⑥"创建操作"→"类型"→"多轴加工"→"子类型"→"顺序铣"。

⑦"避让几何体"→FROM 点→30,0,6→go home 点→0,-40,60→"安全平面"→选择零件上表面→Z=50→"确定"→"确定"→"确定",如图8.18 中所示 FR、GH 和小平面。

⑧"进刀方式"→"方法"→"仅矢量"→"推断矢量"→选择如图8.19 所示的进刀方向→距离→40→"确定"→"确定"。

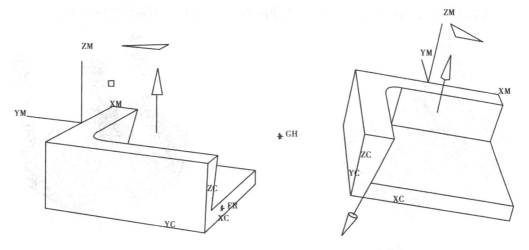

图8.18　FR、GH 和小平面　　　　　　　图8.19　进刀方向的设置

⑨"参考点"→"位置"→点→偏置→矩形确定→选点如图8.20→dz=20→"确定"。

⑩"刀轴"→5 轴。

⑪"几何体"→"驱动"→选择图8.20 所示的驱动面→"停止位置"→"近侧"→"部件"→选择图8.20 所示的部件面→"停止位置"→"近侧"→"检查"→选择图8.20 所示的检查面→"停止位置"→"远端侧"→"确定"→"确定"(出现进刀方向)。

⑫"检查几何体"→"停止位置"→"驱动面－检查面相切"→1 面→"确定"→"确定";

　　"检查几何体"→"停止位置"→"驱动面－检查面相切"→2 面→"确定"→"确定";

　　"检查几何体"→"停止位置"→"远端侧"→3 面→"确定"→"确定"选择图8.20 中所示的 1 至 3 的所有面。

⑬"对刀"→"对刀方法"→"仅矢量"→0,0,1→距离→40→"确定"→"确定",产生图8.21所示的刀具路径。

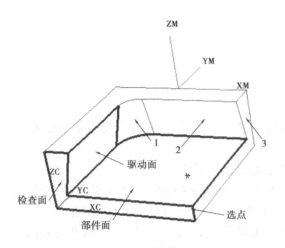

图 8.20　几何体的设置

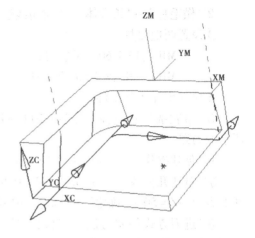

图 8.21　所示的刀具路径

⑭可以继续向下做设置循环操作,产生如图 8.22 至图 8.24 所示的拉网加工。

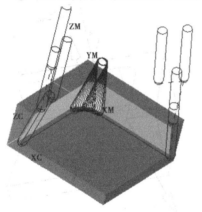

图 8.22　一刀加工

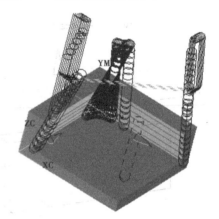

图 8.23　分层切削

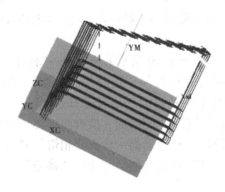

图 8.24　三个刀路拉网加工

【任务评价】

表 8.3 任务实施过程考核评价表

学生姓名		组名		班级	
同组学生姓名					
考评项目		分值	要求	学生自评	小组互评	教师评定

考评项目		分值	要求	学生自评	小组互评	教师评定
知识准备	识图能力	5	正确性			
	菜单命令	10	正确率 熟练程度			
任务实施	加工思路	10	合理性			
	最佳参数设置	15	正确、合理、全面			
	创建刀具路径	30	正确性、合理性、路径简洁性			
	所遇问题与解决	10	解决问题的方式方法、成功率			
	任务实施过程记录	5	详细性			
文明上机		5	卫生情况与纪律			
团队合作、成果展示		10	团队成员相互协作和积极性			
成绩评定		100				
心得体会						
巩固练习						

任务 8.2　圆柱侧面凹槽的多轴加工

【任务提出】

可变轴曲面轮廓铣用于零件型面的精加工。通过控制刀具轴、投射方向和驱动方法,可变轴曲面轮廓铣可以生成复杂零件的加工刀轨。4 轴和 3 轴比较,效率低,但由于在加工时,刀心悬起,降低了刀具的磨损,同时可加工一些 3 轴无法加工的零件。4 轴和 5 轴相比,其精度较低。

对于航空发动机的很多复杂零件,如叶片、叶轮、复杂的盘、环等,由于曲面复杂,在加工时相互干涉,采用刀具轴可变的可变轴曲面轮廓铣就可以解决这个问题。

【任务目标】

①掌握可变轴曲面轮廓铣的相关术语。

②掌握可变轴曲面轮廓铣的刀具轴驱动方法。

③掌握可变轴曲面轮廓铣刀具路径的创建过程。

【任务分析】

通过对零件模型的分析,依据零件的结构特点选取可变轴曲面轮廓铣对零件上的轮廓进行精加工。

【知识准备】

(1)可变轴曲面轮廓铣术语

相关术语如表 8.4 所示。

表 8.4　可变轴曲面轮廓铣术语

序　号	参　数	意　义
1	零件几何体	用于加工的几何零件
2	检查几何体	用于停止刀具运动的几何体
3	驱动几何体	用于产生驱动点的几何体
4	驱动点	从驱动几何体上产生,将投射到零件
5	驱动方法	驱动点产生的方法。某些驱动方法用于在曲线上产生一系列驱动点,有些驱动方法则用于在一定面积内产生阵列的驱动点
6	投射矢量	用于指引驱动点投射到零件表面,同时决定刀具将接触零件表面的哪一侧。所选择的驱动方法不同,则所能采用的投射矢量方式也不同,驱动方法决定哪些投射矢量是可选用的。

(2)可变轴曲面轮廓铣

可变轴曲面轮廓铣对话框与固定轴轮廓铣对话框很相似。可变轴曲面轮廓铣的驱动方法有曲线/点、边界驱动、螺旋驱动、曲面区域驱动、刀轨驱动、径向切削驱动和用户函数驱动法,基本上同固定轴轮廓铣,它们的不同之处主要在于刀具轴的控制上,如图 8.25 所示。

图 8.25　可变轴曲面轮廓铣对话框

(3)刀具轴控制

可变轴曲面轮廓铣刀具轴可以根据定义,对刀具轴进行几何体分类。定义刀具轴的选项依赖于驱动方法,如表 8.5 所示,Y 表示可以定义驱动方法。例如在曲面区域驱动方式中可以定义很多 4 轴和 5 轴的刀具轴控制方法,在其他的驱动方法中则不能使用。

表 8.5　刀具轴与驱动方法

刀　轴	驱动方法					
	曲线/点	边界	螺旋	曲面区域	刀轨	径向切削
离开点	Y	Y	Y	Y	Y	Y
指向点	Y	Y	Y	Y	Y	Y
离开直线	Y	Y	Y	Y	Y	Y
指向直线	Y	Y	Y	Y	Y	Y
相对于矢量	Y	Y	Y	Y	Y	Y
垂直于部件	Y	Y	Y	Y	Y	Y
与部件相关	Y	Y	Y	Y	Y	Y

续表

刀 轴	驱动方法					
	曲线/点	边界	螺旋	曲面区域	刀轨	径向切削
4 轴与工件垂直	Y	Y	Y	Y	Y	Y
4 轴相对于工件	Y	Y	Y	Y	Y	Y
在工件上的双 4 轴	Y	Y	Y	Y	Y	Y
插补	Y			Y		
直纹面驱动				Y		
垂直于驱动				Y		
相对于驱动				Y		
4 轴与驱动体垂直				Y		
4 轴相对于驱动体				Y		
在驱动体上的双 4 轴				Y		
与驱动路径相同				Y		

(4)刀具轴的驱动方法

1)点和线刀具轴

点和线刀具轴是用聚焦一个点或一条线的方法定义刀具轴。如图 8.26 所示,是用聚焦一个点的方法定义刀具轴,用以产生 5 轴运动。如图 8.27 所示,是用聚焦一条线的方法定义刀具轴,用以产生 4 轴运动。

(a)远离一个点(Away From Point)

(a)远离一条线(Away From Line)

(b)朝向一个点(Towards Point)

(b)朝向一条线(Towards Line)

图 8.26 点方法刀具轴   图 8.27 聚焦一条线方法刀具轴

远离和朝向是相对一矢量方向而言的。在选择控制刀具轴方式时,必须考虑到加工方案,如工装夹具、工作台的偏摆还是刀头偏摆等因素。让工作台或刀头偏摆最小是明智的选择。

2）法向刀具轴

法向刀具轴保持刀具轴在每个接触点上总是垂直于零件几何体、驱动几何体或者旋转轴（4 轴加工）。当加工的零件形状即法向不是剧烈变化时，这是最理想的定义刀具轴的方法，如图 8.28 所示。

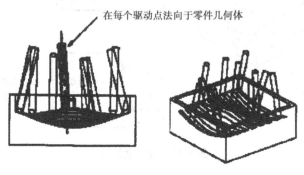

在每个驱动点法向于零件几何体

图 8.28 法向刀具轴

3）相对刀具轴

相对刀具轴保持刀具轴在每个接触点上总是垂直于零件几何体、驱动几何体或者旋转轴（4 轴加工），并且用于给刀具轴定义引导角和倾角。

①引导角定义刀具沿刀轨方向向前或向后的角度。正值为刀具沿刀轨方向向前摆角，负值为刀具沿刀轨方向向后摆角。

②倾角：定义刀具轴的倾角（沿刀具运动的前方看）。正值为刀具向右倾斜，负值为刀具向左倾斜，如图 8.29 所示。

4）直纹面驱动刀具轴

直纹面驱动刀具轴（Swarf Drive Tool Axis）保持刀具轴平行于驱动几何体。使用这种方法时，驱动几何体引导刀具侧刃，零件几何体引导刀具底部，如图 8.30 所示。

直纹面驱动刀具轴只适用于驱动几何体为直纹面的情况。因为驱动几何体的直纹面确定直纹面的投射矢量方向。当使用带锥度刀具时，这个投射矢量能够阻止刀具过切驱动几何体，如图 8.31 所示。

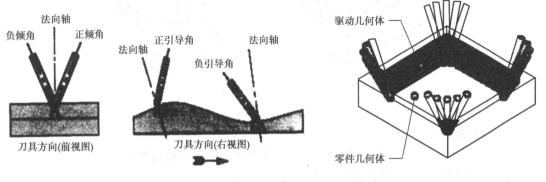

图 8.29 相对刀具轴　　　　　　　　**图 8.30 驱动几何体**

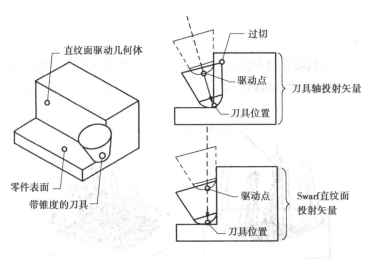

图 8.31 带锥度刀具

5)插补刀具轴

插补刀具轴(Interpolated Tool Axis)可以通过在指定的点定义矢量方向来控制刀具轴。当驱动或零件几何体非常复杂,又没有附加刀具轴控制几何体(例如:点、线、矢量和较为光顺的驱动几何体)时,插补刀具轴可以控制剧烈的刀具轴变化。插补还能调节刀轨,以避免碰撞障碍物。

可以从驱动几何体上去定义所需的足够多的矢量,以保证光顺的刀具轴移动。刀具轴通过用户在驱动几何体上指定矢量进行插补。指定的矢量越多,对刀具轴的控制越多。这个选项只有在使用 Curve/Point 或 Surface Area 驱动方法时才有效,如图 8.32 所示。

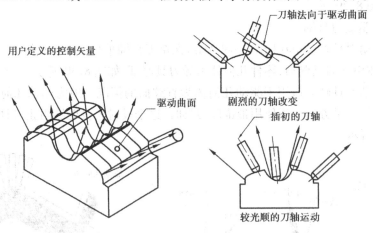

图 8.32 插补刀具轴

【任务实施】

加工如图 8.33 所示的圆柱侧面凹槽,用可变轴曲面轮廓铣进行精加工。

①"创建操作"→设置参数如图 8.34 所示→"确定"。

2. "驱动方式"→"区域铣削"→"驱动几何体"→选择"隐藏"→反向隐藏全部→选择半个曲面,如图 8.35 所示→"图样"→"平行线"→"切削类型"→"双向平行切削"(在 ZIG—

图 8.33　圆柱侧面凹槽

图 8.34　创建可变轴曲面轮廓铣操作

ZAG)→"百分比"→50→刀轴离开直线→选择现有直线→"确定"→"确定"。

③"几何体"→"检查"→"选择"→选零件侧面→
"确定";

"几何体"→"切削区域"→"选择"→选压板实体
表面→"确定"。

④"切削"→切削参数设置。

策略参数设置为默认值。

多个刀路参数设置为单刀路。

毛坯参数设置如图 8.36 所示。

安全平面参数设置如图 8.37 所示。

刀轴控制参数设置如图 8.38 所示。

生成刀具路径如图 8.39 所示。

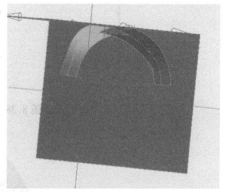

图 8.35　选择驱动几何体半个曲面

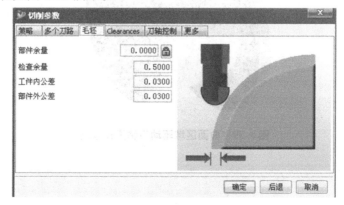

图 8.36　切削参数毛坯选择

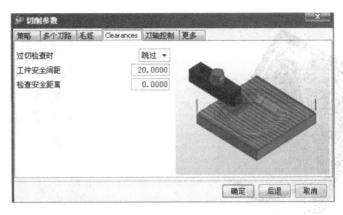

图 8.37　切削参数安全平面选择

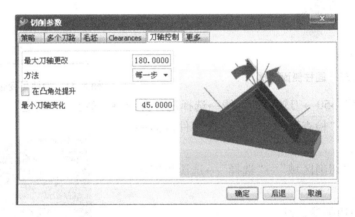

图 8.38　切削参数刀轴控制选择

图 8.39　曲面区域驱动刀轴离开直线

【任务评价】

表 8.6 任务实施过程考核评价表

学生姓名		组名		班级		
同组学生姓名						
考评项目		分值	要求	学生自评	小组互评	教师评定
知识准备	识图能力	5	正确性			
	菜单命令	10	正确率 熟练程度			
任务实施	加工思路	10	合理性			
	最佳参数设置	15	正确、合理、全面			
	创建刀具路径	30	正确性、合理性、路径简洁性			
	所遇问题与解决	10	解决问题的方式方法、成功率			
	任务实施过程记录	5	详细性			
文明上机		5	卫生情况与纪律			
团队合作、成果展示		10	团队成员相互协作和积极性			
成绩评定		100				
心得体会						
巩固练习						

项目9   综合加工——叶片锻模

【项目描述】

①叶片锻模凹模的铣削加工。

②叶片锻模凸模的铣削加工。

【项目目标】

①掌握综合加工中工步的划分。

②掌握综合加工中各种铣削方法的灵活运用。

③掌握综合加工中各个工步参数的设置。

④掌握加工中零件质量的控制。

【能力目标】

①能够灵活运用各种铣削方法。

②能够针对具体的工件进行铣削工步的划分。

③能够正确合理地设置切削参数。

④能够生成正确合理的刀具路径并进行实体仿真。

任务9.1   叶片锻模凹模的铣削加工

【任务提出】

前面学习了铣削加工的平面铣、面铣、型腔铣、固定轴曲面轮廓铣、顺铣曲面铣和可变轴曲面轮廓铣,下面综合应用这些铣削方法加工凹模。

【任务目标】

①学会分析零件,选择合适的铣削方法。

②能够灵活运用各种铣削方法刀具路径的创建方法。

③加深对前面所学知识的理解和运用。

【任务分析】

模具凹模加工时,注意粗加工、半精加工和精加工方法的使用。模具的材料是碳钢(CARBON STEEL),可利用平面铣和型腔铣进行加工。模具的加工可分为3步:①由于形状不规则,所以整个要用型腔铣进行粗加工,留出余量;②用固定轮廓铣中驱动方法为区域切削(Area milling)进行精加工;③最后用等高外形铣进行陡峭面加工。

【任务实施】

对如图9.1所示的叶片锻模凹模进行(粗加工、半精加工和精加工),单位为英寸(1 in =

25.4 mm)。

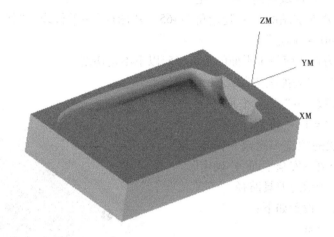

图 9.1 叶片锻模凹模

①创建几何体、毛坯的选取、坐标系的指定及刀具的创建。过程略。

注意：在这里选择刀具时一定要选择清根刀，而不能选择球头刀，因为球头刀速度慢，而且留下的刀楞大。

②创建型腔铣。设置的菜单如下：

类型为 Mill contour；

子类型 CAVITY MILL；

程序 为 NC_PROGRAM；

使用几何体为 Workpiece；

使用刀具为 MILL-1（T0.25-R0.01-2）；

使用方法为 Mill Rough。

③"切削方式"→"跟随工件"→"步距"→50%→"每刀切深"→0.05。

④"切削参数"→"从里超外"→"毛坯"→部件侧余量 0.01（英寸）。注意：粗加工余量，一般取 0.2~0.3 mm；对于曲面，应用球头刀，否则切不出来。

⑤"安全平面"→"指定平面"→选择上表面→Z=1。

⑥"进刀/退刀"→"自动"→"按形状进刀"
→15°。

⑦"切削层的设置"→10 层。

生成型腔铣刀具路径如图 9.2 所示。

⑧固定轮廓铣（区域铣削）。

参数设置如下：

类型为 Mill contour；

子类型为 Fixed Contour；

程序为 PROGRAM；

使用几何体为 Workpiece；

使用刀具为 MILL2（T0.25-0.125-3）；

使用方法为 Mill Finish。

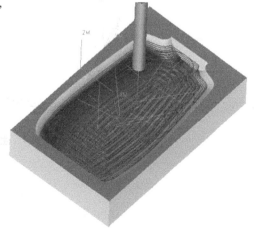

图 9.2 生成的型腔铣刀具路径

⑨"驱动方法"→"区域铣削"→"确定"。

"陡峭包含"→"非陡峭的"→"陡峭角"→65°→"图样"→平行线→"切削类型"→双向切削→"切削角度"→0→"确定"。

注意:陡峭角为选择面与水平面的角度,65°以下不是递度。

⑩"切削参数"→"去掉滚边"。

⑪"非切削参数"→"安全平面"→"指定"→选择上表面 Z=1→"进刀"→状态→手工→移动→螺旋状的顺铣→距离→0.2→逼近→安全平面→分离→安全平面→"确定"。

生成如图9.3所示的刀具路径。

⑫陡峭面加工。设置如下:

类型为 Mill contour;

子类型为 Z-level-Profile-Steep;

程序为 PROGRAM;

使用几何体为 Workpiece;

使用刀具为 MILL-2 (参数为 0.25-R0.125-3);

使用方法为 Mill finish。

图9.3 生成的区域铣削刀具路径

⑬"陡角必须"→35°(即大于35°都进行清根)→合并距离→0.1→最小切削深度→0.03→每一刀的全局深度→0.1→切削顺序→层优先。

生成如图9.4所示的刀具路径。

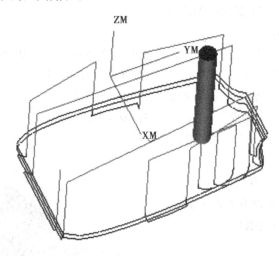

图9.4 生成的刀具路径

【任务评价】

表9.1　任务实施过程考核评价表

学生姓名		组名		班级	
同组 学生姓名					
考评项目		分值	要求	学生自评	小组互评	教师评定
知识准备	识图能力	5	正确性			
	菜单命令	10	正确率 熟练程度			
任务实施	加工思路	10	合理性			
	最佳参数设置	15	正确、合理、全面			
	创建刀具路径	30	正确性、合理性、 路径简洁性			
	所遇问题与解决	10	解决问题的方式 方法、成功率			
	任务实施 过程记录	5	详细性			
文明上机		5	卫生情况与纪律			
团队合作、成果展示		10	团队成员相互 协作和积极性			
成绩评定		100				
心得体会						
巩固练习						

229

任务9.2　叶片锻模凸模的铣削加工

【任务提出】

前面学习了铣削加工的平面铣、面铣、型腔铣、固定轴曲面轮廓铣、顺铣曲面铣和可变轴曲面轮廓铣,下面综合应用这些铣削方法加工叶片锻模凸模。

【任务目标】

①学会分析零件,选择合适的铣削方法。

②能够灵活运用各种铣削方法刀具路径的创建方法。

③加深对前面所学知识的理解和运用。

【任务分析】

叶片锻模凸模加工时,注意粗加工、半精加工和精加工方法的使用。叶片锻模的材料是碳钢(CARBON STEEL),可利用其中的平面铣和型腔铣进行加工。模具的加工可分为 4 步:①由于形状不规则,所以整个要用型腔铣进行粗加工,留出余量;②用固定轮廓铣中驱动方法为区域切削(Area milling)进行精加工;③用平面铣或者面铣进行修整;④最后用型腔铣进行陡峭面加工。

【任务实施】

对如图 9.5 所示的叶片锻模凸模进行粗加工、半精加工和精加工,单位为英寸。

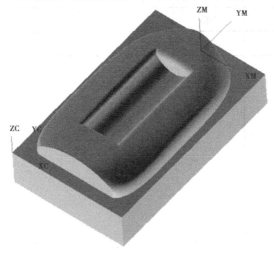

图9.5　叶片锻模凸模

①创建几何体、毛坯的选取、坐标系的指定及刀具的创建。过程略。

注意:若零件底面是平面应用平底刀或清根刀,粗加工也可用平底刀或清根刀。

②"型腔铣"。设置如下:

类型为 Mill contour;

子类型为 CAVITY MILL；

程序 为 PROGRAM；

使用几何体为 Workpiece；

使用刀具为 MILL1(0.15 R0.01 1 0 0 0.5)；

使用方法为 Mill Rough。

③"切削方式"→"跟随工件"→步距→50%→每刀切深→0.1。

④"切削参数"→"策略"→从里超外→由于余量太多,勾选岛清根→清壁在终点→毛坯→部件侧余量 0.01(英寸)→"确定"→"确定"。注意:粗加工余量一般取 0.2~0.3 mm。对于曲面,应用球头刀,否则切不出来。

⑤"安全平面"→"指定平面"→选择上表面→Z = 1。

⑥"进刀/退刀"→自动→按形状进刀→2.4°。

⑦"切削层的设置"→10 层。

生成型腔铣刀具路径如图 9.6 所示。

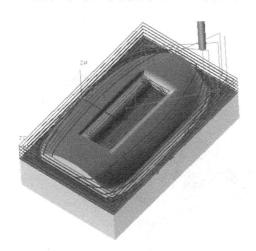

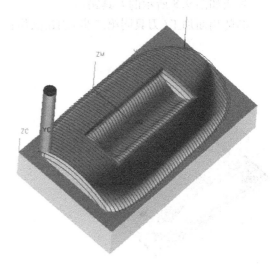

图 9.6　生成型腔铣刀具路径　　　　　图 9.7　生成的刀具路径

⑧固定轮廓铣(区域铣削)。

参数设置如下:

类型为 Mill contour；

子类型为 Contour AREA；

程序为 PROGRAM；

使用几何体为 Workpiece；

使用刀具为 MILL2(T0.25 - 0.125 - 2 - 0 - 0 - 1)；

使用方法为 Mill Finish。

⑨"驱动方法"→"区域铣削"→"确定"。

"陡峭包含"→"非陡峭的"→"陡峭角"→65°→图样→平行线→切削类型→双向切削→切削角度→0→步距→15°→"确定"。注意:陡峭角为选择面与水平面的角度,65°以下不是递度。

⑩"切削区域"→"选择"→过滤方式→更多→矩形内部→用矩形选择凸模要加工的顶型→"确定"→"确定"。

⑪"非切削参数"→"安全平面"→指定→选择上表面 Z = 2→进刀→状态→手工→移动→

螺旋状的顺铣→距离→0.2→逼近→安全平面→分离→安全平面→"确定"。

生成如图 9.7 所示的刀具路径。

⑫面铣(刀具同第一步)创建操作。

参数设置如下：

类型为 mill_planar；

子类型为 Face_Mill；

程序为 PROGRAM；

使用几何体为 Workpiece；

使用刀具为 MILL2(T0. 15-R0. 01 − 3 − 0 − 0 − 1)；

使用方法为 Mill Finish。

⑬"几何体"→"面"→选择毛坯工件表面需要切削的部分→步距→15%。

⑭"切削"→"墙清根"→在最后。

生成如图 9.8 所示的刀具路径。

⑮陡峭面加工(刀具同第二步)创建操作：

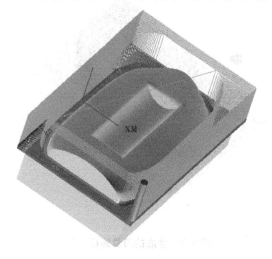

图 9.8　生成的刀具路径　　　　　　图 9.9　生成的刀具路径

类型为 Mill contour；

子类型为 Z-level-Profile-Steep；

程序为 PROGRAM；

使用几何体为 Workpiece；

使用刀具为 MILL2(T0. 25-R0. 125 − 3 − 0 − 0 − 1)；

使用方法为 Mill Finish。

⑯参数的设置。

陡峭角：35°；

合并距离：0.1；

最小切削深度：0.03；

每一刀的全局深度：0.1；

安全平面(Avoidance)的设置：Z = 2；

切削层参数设置:切削区域。

生成如图9.9所示的刀具路径。

【任务评价】

表9.2 任务实施过程考核评价表

学生姓名		组名		班级	
同组 学生姓名					
考评项目		分值	要求	学生自评	小组互评	教师评定
知识准备	识图能力	5	正确性			
	菜单命令	10	正确率 熟练程度			
任务实施	加工思路	10	合理性			
	最佳参数设置	15	正确、合理、全面			
	创建刀具路径	30	正确性、合理性、 路径简洁性			
	所遇问题与解决	10	解决问题的方式 方法、成功率			
	任务实施 过程记录	5	详细性			
文明上机		5	卫生情况与纪律			
团队合作、成果展示		10	团队成员相互 协作和积极性			
成绩评定		100				
心得体会						
巩固练习		加工如图所示定位件的内形和上表面。 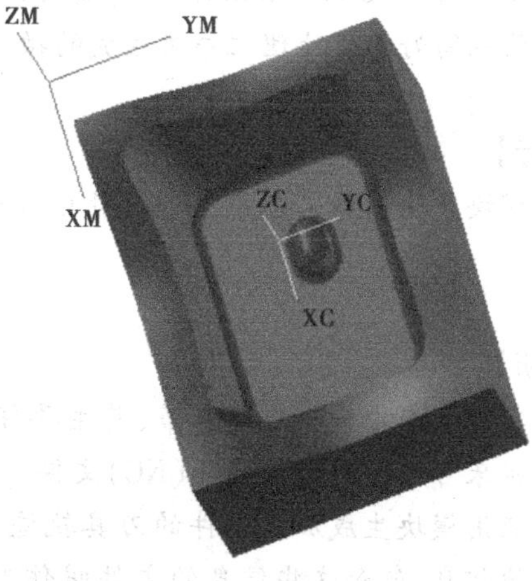 定位件				

项目 10　输出 NC 程序和车间工艺文件

【项目描述】

①执行后处理输出 NC 程序。

②输出车间工艺文件。

【项目目标】

①掌握后处理的相关概念。

②执行后处理的相关操作并输出 NC 程序。

③熟悉车间工艺文件的两种类型。

④掌握车间工艺文件的输出。

【能力目标】

①能够熟练执行后处理操作并输出 NC 程序。

②能够针对车间实际输出工艺文件。

任务 10.1　执行后处理输出 NC 程序

【任务提出】

在前面的项目中,主要学习了编写数控加工程序的各种方法及其刀具路径的生成,但刀具路径不能直接驱动数控机床完成零件加工,必须经过后处理将其生成数控机床数控系统能识别的语言,即代码。UG NX 不但提供了一些通用的后处理程序,而且还提供了一个通用的后处理程序开发平台(NX/Post Builder),有需要的用户可参考相关资料进行开发,本项目只说明如何使用已编写好的后处理程序对生成的操作进行后处理,从而输出 NC 程序。

【任务目标】

对在加工模块产生的加工工序执行后处理,将其生成数控机床数控系统能识别的语言,即代码。

【任务分析】

后处理是数控加工中一个重要环节,其主要任务是将 CAM 软件生成的加工刀位轨迹源文件转成特定机床可接受的数控代码(NC)文件。

使用加工应用模块生成加工零件的刀具轨迹。这些刀具轨迹包括了 GOTO 点位和控制刀具运动的其他信息,包含这些信息的文件叫作刀具位置源文件(CLSF),需要经过后处理,从而生成 NC 指令。后处理的两个因素是:①刀具轨迹→UG 的内部刀轨。②后处理器→后处理器读取刀具位置源文件,并把它翻译成数控程序(NC 指令或 G 代码格式)。

【知识准备】

UG 提供了一个后处理器 UGPOST,如图 10.1 所示。它可以读取 UG 的内部刀具轨迹,输出数控程序。UGPOST 是可以定制的,通过使用事件处理器和机床定义文件,可生成各种各样控制系统的数控程序。不管是简单铣床,还是复杂的多轴铣床,甚至车铣加工中心,都可以使用 UGPOST 做后处理。UGPOST 使用 TCL 语言和几个文件,把 UG 的内部刀轨翻译成数控程序,它抽取内部刀轨的信息,按照一定的格式输出。通过使用 TCL 语言和 UG 的定义文件,UGPOST 有很大的灵活性。

图 10.1   加工操作工具条

【任务实施】

对一个工序或多个工序进行后处理,输出 NC 程序。

①打开零件 X:\ 5B502-B – 3031 – 2.3.5n. prt,或者打开前面做好的刀具路径文件。

②运行加工模块:"开始"→"加工"。

③单一工序输出 NC 程序:

单击 ▣ 图标,切换到程序视图;

单击 ▤ 图标,打开工序导航器对话框;

选择 C10 工序,如图 10.2 所示。

图 10.2   在工序导航器中选择工序

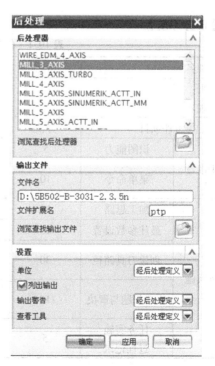

图 10.3   后处理程序的选择

④后处理输出 NC 程序：

单击后处理  图标，打开如图 10.3 所示的对话框，选择后处理程序，指定输出文件名称，单击 OK 按钮进行后处理；

后处理后，显示如图 10.4 所示的信息框，同时在指定目录下也输出了 NC 程序。

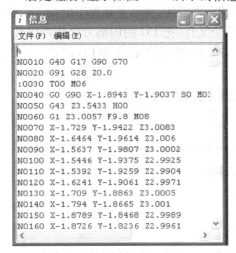

图 10.4　后处理生成的信息框

图 10.5　多个程序的后处理

使用系统提供的通用后处理程序生成的 NC 程序根据实际需要编辑后才能用于加工，否则加工时可能会出错。

注意：对于多个程序的输出，只需要选择 PROGRAM，如图 10.5 所示，这样 PROGRAM 下的所有程序将被选中进行后处理，其他步骤同单一工序。

【任务评价】

表 10.1　任务实施过程考核评价表

学生姓名		组名		班级	
同组学生姓名					
考评项目		分值	要求	学生自评	小组互评	教师评定
知识准备	识图能力	5	正确性			
	菜单命令	10	正确率熟练程度			
任务实施	加工思路	10	合理性			
	最佳参数设置	15	正确、合理、全面			
	创建刀具路径	30	正确性、合理性、路径简洁性			
	所遇问题与解决	10	解决问题的方式方法、成功率			
	任务实施过程记录	5	详细性			

考评项目	分值	要求	学生自评	小组互评	教师评定
文明上机	5	卫生情况与纪律			
团队合作、成果展示	10	团队成员相互协作和积极性			
成绩评定	100				
心得体会					
巩固练习					

任务 10.2　输出车间工艺文件

【任务提出】

车间工艺文件是指导生产现场的指导性文件,有超文本文件(HTML)和文本文件(TEXT)两种形式。

【任务目标】

①了解车间工艺文件的用途。

②学会输出车间工艺文件。

③熟悉车间工艺文件输出的格式。

【任务分析】

在模板中选择特定模板的车间工艺文件。

【知识准备】

①使用车间工艺文档(Shop Documentation)可以生成定制的工艺报表,在零件制造的过程中协助加工。

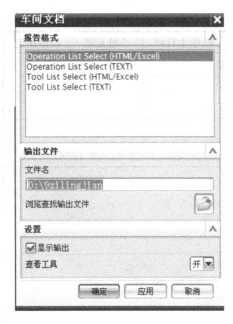

图 10.6　车间文档输出

②车间工艺文档可以包含：刀具和材料；控制几何体；加工参数；后处理命令；刀具轨迹信息等信息。

③可以使用 ASCⅡ和 HTML 两种格式输出车间工艺文档。

④可以使用系统提供的通用车间工艺文档模板，也可以通过定制生成信息更加详细的车间工艺文档。

【任务实施】

输出车间工艺文件。

①打开零件 X:\ mojushangmu. prt。

②运行加工模块："开始"→"加工"。

③输出工序列表：

单击车间文档按钮，选择 Operation List select 格式和输出文件路径，如图 10.6 所示。

在图 10.6 中，单击"确定"按钮，输出如图 10.7 所示的显示信息，同时也在指定目录下输出了文本文件格式的工序列表文件。

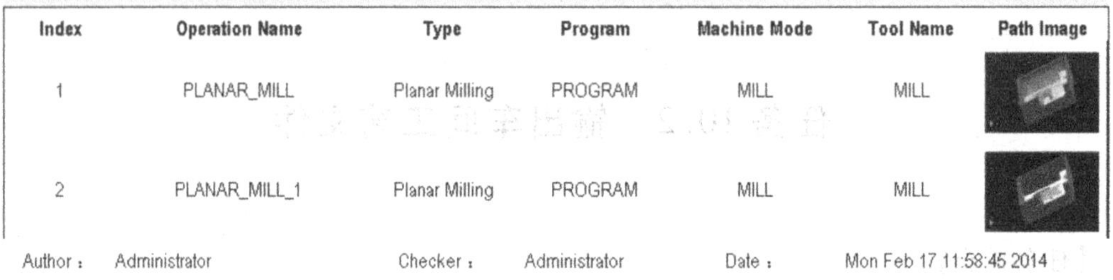

Index	Operation Name	Type	Program	Machine Mode	Tool Name	Path Image
1	PLANAR_MILL	Planar Milling	PROGRAM	MILL	MILL	
2	PLANAR_MILL_1	Planar Milling	PROGRAM	MILL	MILL	

Author :　Administrator　　Checker :　Administrator　　Date :　Mon Feb 17 11:58:45 2014

图 10.7　车间文档输出信息

【任务评价】

表 10.2　任务实施过程考核评价表

学生姓名		组名		班级		
同组学生姓名						
考评项目		分值	要求	学生自评	小组互评	教师评定
知识准备	识图能力	5	正确性			
	菜单命令	10	正确率熟练程度			

续表

考评项目		分值	要求	学生自评	小组互评	教师评定
任务实施	加工思路	10	合理性			
	最佳参数设置	15	正确、合理、全面			
	创建刀具路径	30	正确性、合理性、路径简洁性			
	所遇问题与解决	10	解决问题的方式方法、成功率			
	任务实施过程记录	5	详细性			
文明上机		5	卫生情况与纪律			
团队合作、成果展示		10	团队成员相互协作和积极性			
成绩评定		100				
心得体会						
巩固练习						

参考文献

［1］翟羽佳,齐广霞.基于 UGⅡ的叶片精锻模设计[J].锻压技术,2006.

［2］何磊.基于 UG 的数控加工图形化编程技术[J].CAD/CAM 与制造业信息化,2005.

［3］耿小强.分体式叶片零件的数控加工[J].CAD/CAM 与制造业信息化,2005.

［4］殷保祖.高速铣削数控编程技术研究[J].电子机械工程,2005.

［5］郭德桥.高速切削加工与 CAM 数控编程[J].机械工程师,2006.

［6］王庆林.UG 铣制造过程实用指导[M].北京:清华大学出版社,2003.

［7］黄毓荣,顾菘.UG 多轴铣制造过程培训教程[M].北京:清华大学出版社,2002.

［8］苏红卫.UG NX2 铣加工过程培训教程[M].北京:清华大学出版社,2004.

［9］韩思明.UG NX5 中文版编程基础与实践教程[M].北京:清华大学出版社,2008.

［10］杨胜群.UG NX 车铣加工实用教程[M].北京:清华大学出版社,2008.

［11］张磊.UG NX4 后处理技术培训教程[M].北京:清华大学出版社,2007.

［12］张云杰,尚蕾.UG NX8.0 从入门到精通[M].北京:电子工业出版社,2012.